Jeffrey Thomson

ORNITOLOGÍA EN TIEMPOS DE GUERRA

Primera edición: noviembre, 2018
Colección Abstracta, núm. 8

Título original: *Birdwatching in Wartime*

España
C/ Alcalá 85, 7º izda.
28009 Madrid

vasoroto@vasoroto.com
www.vasoroto.com

Concepto de la colección: Víctor Ramírez
Imágenes de cubierta e interiores: Víctor Ramírez

Printed in Spain - Impreso en España
Imprenta: Kadmos
ISBN: 978-84-16193-67-7
Dep. Legal: M-36692-2018
BIC: DCF

Jeffrey Thomson

ORNITOLOGÍA EN TIEMPOS DE GUERRA

Edición bilingüe

Versión al español de
José de María Romero Barea

Vaso Roto / Ediciones

BIRDWATCHING IN WARTIME

ORNITOLOGÍA EN TIEMPOS DE GUERRA

for Jennifer and Julian,
mi cielo, mi alma, mi vida

Para Jennifer y Julian,
mi cielo, mi alma, mi vida

PRAISE FOR MY NATION OF MEAT AND PHONEMES

Those apathetic few who eat the bread
of dialect and wear it as ornament, armor
or blackmail suffer me as a furious reflection:
I have called patria *only you and language*

Those who dedicate hymns and medals and love
to the raven of war and never to the dove
of lust look grudgingly upon my bed:
I have called patria only you and the language

Of brotherhood and civil honor:
no one feels it, no one radiates it
if this tongue is channeled into slang
and in your body the marvelous flame smothers

Celebrated like a god, the hand's fire
feels for the words a mighty respect:
only thus can the transient be our brother
and matter and the world our friend

The meat that has taught me most deeply knows:
the teaching language is an ancient lexicon:
time is the embrace of a man and a woman,
the universe is a formidable word

Félix Grande

ELOGIO A MI NACIÓN DE CARNE Y FONEMAS

Los que sin fervor comen del gran pan del idioma
y lo usan como adorno o coraza o chantaje
sienten por mí un rechazo donde la rabia asoma:
yo no he llamado patria más que a ti y al lenguaje

Los que destinan himnos y medallas y amor
al cuervo de la guerra, y nunca a la paloma
de la lujuria, miran mi cama con rencor:
yo no he llamado patria más que a ti y al idioma

De la fraternidad, de la honra civil
sé que nadie la siente ni nadie la derrama
si convierte al lenguaje en una jerga vil
y en su cuerpo sofoca la milagrosa llama

Celebrar como a un dios el fuego de la mano,
sentir por las palabras un respeto profundo:
sólo así el transeúnte puede ser nuestro hermano
y nuestros camaradas la materia y el mundo

La carne me ha enseñado el más hondo saber
y el lenguaje me enseña su lección venerable:
que el Tiempo es un abrazo del hombre y la mujer,
que el universo es una palabra formidable

FÉLIX GRANDE

I

I

LANDSCAPE WITH SWELLING AND HIVES

And here, or there… No. Should we have stayed at home,
wherever that may be?
ELIZABETH BISHOP

When the *tsawaim* swam from the deadfall across the path
(a moss-grown nurse log
hosting a thrumming mess of life in its rain-woven campus),
when those wasps
stapled my back and sides and face and sent me at a run down
the piebald path,
when the rainforest trembled, fishtail palms kicking their fins
in the green welter
beneath the canopy, when the splotches flushed across my arms,
my neck, my sweat-licked face,
when the diaspora of venom wrote a question across my back
in hot letters that left me
cold and shaking and desperately needing to piss, I had no sense,
stunned and numb,
that my throat might close, not even when my tongue went dumb
like a river
fat with flood, no thought that the last sight I'd see would be
a green shriek
of light carried through the trees. The wasps stung for nothing
I had done;
the others passed that path before me, the chill washed out
in sweat,

PAISAJE CON HINCHAZÓN Y URTICARIA

Y aquí, o allá... No. ¿Deberíamos habernos quedado en casa,
donde quiera que ésta se encuentre?
ELIZABETH BISHOP

Cuando las *tsawaim* manaron del tronco en el sendero
(un tronco nodriza musgoso,
pleno de vibrante, desordenada vida en su campus tejido de lluvia),
cuando esas avispas
cosieron mi espalda y costado y cara y me empujaron
sendero moteado abajo,
cuando la selva tembló, palmeras cola de pez golpeando sus aletas
en el verde revoltijo
bajo la fronda, cuando las manchas arrasaron mis brazos,
mi cuello, mi rostro anegado en sudor,
cuando la diáspora del veneno escribió una pregunta en mi espalda
en letras calientes que me dejaron
frío y temblando y con unas ganas locas de mear, no sospechaba,
torpe y aterido,
que mi garganta se cerraría, ni siquiera cuando mi lengua quedó muda
como un río
anegado, ni pensé que mi última visión sería
un verde grito
de luz a través de los árboles. Las avispas no picaban por nada
que les hubiera hecho;
otros recorrieron el camino antes que yo, el escalofrío bañado
en sudor,

and the landscape tumbled back to form, but, hours out,
    perhaps
I should have made my peace, prepared myself among the *pitchurina*
    and *pucahuasca*
and waited for the infinite to break through the canopy in a spray
    of green-gone-gold.
In the end, nothing came of this. My throat stayed open and
    the canopy closed.
It's the distance out from camp—the gas lamps lit and tented
    in the shifting dark,
the house macaw patrolling the piered walkways, little chevrons
    flashing on his shoulders—
that makes it menacing. Yes, it would have been a pity not to have seen
    the spattered sun
scribbled down to nothing more than matchlight on army ants
    engraving leaf litter,
the cuneiform of tapir prints in the mud of that flat-banked stream,
    not to have seen
the wattled jacana scrawl across water lilies with her vast, forked feet,
    a pity
never to have taken piranha from the river and watched them slap
    their gibberish
across the bottom of the boat, yes, a pity never to have read the remains
    of a saddleback tamarin
(a slur of fur and black fingers) as the fact of a jaguar in the night,
    yes, a pity, yes,
but what now's the answer to that question written across my skin?

y el paisaje, de pronto, recobró su forma, aunque, horas antes,
quizá
debería haberme reconciliado con Dios, a gusto entre la *pitchurina*
y la *pucahuasca*
y esperar que el infinito se abriera paso entre las copas de los árboles en lluvia
de verde vuelto oro.
Todo quedó en nada. Mi garganta abierta y
el dosel cerrado.
Es la distancia al campamento –luces de gas tendidas
sobre la oscuridad cambiante,
el guacamayo doméstico que patrulla los embarcaderos, galoncitos
destelleando en sus hombros–
lo que lo vuelve amenazante. Sí, hubiera sido una pena perderse
las manchas de un sol
garabateado hasta no ser más que luz de cerilla sobre hormigas legionarias
que tallan la hojarasca,
lo cuneiforme de las huellas del tapir en el barro de esa corriente sin cauce,
no haber visto a
la jacana pintarrajear los nenúfares con sus grandes pies bifurcados,
una pena
no haber sacado nunca pirañas del río, ni haberlas visto palmear
su galimatías
contra la quilla del bote, sí, una pena no haber descifrado nunca los restos
de un bebeleche
(un borrón de piel y dedos negros) como indicio de un jaguar en la noche,
sí, una pena, sí,
pero ¿cuál es la respuesta a esa pregunta inscrita en mi piel?

LANDSCAPE WITH FLOODED FOREST

1.

When the horizon rises up around the shoulders of the trees
and fish fly through branches in flocks of scale

and saucer eyes, and the bird-hunters billboard webs
across the water in the shrubby canopy

of ceiba and cercropia, the strangler fig splayed out
in a skeletal fan and colonnades of kapok,

when the white sun soon finishes off the dawn
and tree boas sleep tentacled above the water

across a fan of leaves to avoid the crush of noon,

2.

when a wire-tailed manakin flames
through the middle-story treetops and pink dolphins

slalom through the sunken trunks
to hunt tambaqui that feed on fallen fruit,

PAISAJE CON SELVA INUNDADA

1.

Cuando el horizonte se eleve sobre las copas de los árboles
y entre las ramas revoloteen los peces en bancos de escama

con ojos como platos y los cazadores de aves desplieguen redes
sobre el agua en el dosel de arbustos

de ceiba y cecropia, el higuerote extendido
en abanico óseo y las columnatas de capoc,

cuando el blanco sol finalice el alba
y boas arbóreas duerman enredadas sobre el agua

en un abanico de hojas para evitar el calor del mediodía,

2.

cuando un saltarín cola de alambre refulja
en las copas del sotobosque y los delfines rosados

hagan eslalon entre los troncos hundidos
para cazar tambaquis que se alimentan de la fruta caída,

tiny coconuts of summer's plenty,

when the seeping tannin water, deep as steeped tea,
consumes the edges of the trees

and we float above a forest doubled in the water
(a clicking symphony of fish trickles

up through our wooden canoe),

the water will be halfway up the sky
and not yet finished rising.

3.

At night, beneath ficus trunks that arch and plunge
in gothic tangles, the bang and stammer

of the tree frogs' need orchestrates desire in the forest.
Quarter-sized they come gluey off the mimosa,

eyes red as blood blisters

beneath our lights as the golden foil of caiman eyeshine
along the banks balances

cocos diminutos cosecha del verano,

cuando el agua filtrada de tanino, oscura como té bien cargado,
consuma el filo de los árboles

y flotemos sobre una selva duplicada en el agua
(chasqueante sinfonía de peces

que se eleva hasta nuestra canoa de madera),

el agua estará a medio camino del cielo
y aún no habrá crecido por completo.

3.

De noche, bajo troncos de ficus que se arquean y hunden
en gótica maraña, el estallido y balbuceo

del anhelo de las ranas arbóreas orquesta el deseo en la selva.
Como monedas asoman viscosos desde la mimosa,

ojos rojos como ampollas de sangre

bajo nuestras luces, mientras, en las orillas
la lámina de oro de los ojos del caimán equilibra

4.

the smear of stars across the sky.

5.

Tarantulas that hunt fish—the black goliath and the Peruvian
pinktoe—strike out across the water as we pass

and a blue-crowned trogon

sits stunned and blinking beneath our headlamps.
We raise the landscape into meaning and return it

damaged in our wake—the slap

of water off the paddles, the sweep and beam of lights
tunneling through the dark.

Trauma is what we carry and the world retires from us
in radiating waves, but (*recall it now!*)

6.

the frogs, they deafened us that night.

4.

la mancha de estrellas en el cielo.

5.

Tarántulas que cazan peces –la negra Goliat y la peruana
de patas rosadas– huyen nadando a nuestro paso

y un trogón de corona azul

se sienta atónito y parpadea bajo nuestras linternas.
Dotamos de significado al paisaje, devolviéndolo

herido en nuestra estela: el chapoteo

del agua de los remos, el barrido y resplandor de luces
horadan la oscuridad.

Dolor es lo que arrastramos y el mundo aparta
en radiantes olas, pero (*¡recuerda!*)

6.

las ranas nos ensordecieron esa noche.

7.

Horned screamers play a quartet across the high-ground
grass, as we haul our canoe through the canopy

branch by branch

like boat-building simians. This ancient bird
we're searching for, the hoatzin,

in the wet savannah remnants, croaks and heaves—
a heavy smoker's wheeze—

8.

beneath the deadwood overhead, a blue-faced, mohawked relic
(a claw-winged, almost *archaeopteryx*)

lizard-hops and pants trying to stay cool. We eat and wait
and watch the heat pile clouds up the sky.

Rain threatens its black opera as we slip out
through the trees writing down birds for inscrutable lists.

7.

Los arucos tocan un cuarteto entre la alta
hierba mientras arrastramos la canoa por el follaje,

rama a rama

como simios astilleros. Esa ave milenaria
que andamos buscando, el hoacín,

en los húmedos restos de la sabana, croa y arquea
–con resuello de fumador empedernido–,

8.

arriba bajo las ramas secas, una cariazul, crestada reliquia
(alas con garras, casi *arqueópterix*),

salta cual lagarto y jadea para mantenerse fresca. Comemos y descansamos
y vemos el calor apilar nubes en el cielo.

La lluvia amenaza con su negra ópera mientras escapamos
entre los árboles anotando aves para inescrutables listas.

9.

Anis and oropendulas crisscross the open canopy
where three rivers seam together, kingfishers

chatter, skimming low and loud above the russet water,

and at our feet jerk piranha, red-bellied as rage.
Morpho butterflies spatter the streaked light sapphire.

Soaked with birdcall and blue fluttering, the trees
fill with water and the swift kick of fins.

The air charged with all that hasn't happened yet,
the water with all that has—

10.

the toucan that will be taken from a branch and guzzled
to bloody feathers and the hard beak tip

by a harpy eagle.
Piranhas that disassembled a swimming sloth.

Lakes drain out of the basin leaving a shoreline scoured.
Banks reappear in a maze of mud.

9.

Garrapateros y oropéndolas se cruzan por el dosel abierto
donde tres ríos se entrelazan, los martines pescadores

parlotean, rozando ruidosos el agua bermeja,

y a nuestros pies se agitan pirañas de vientres rojos como la rabia.
Mariposas Morpho salpican la luz veteada de zafiro.

Empapados de reclamo y azul revoloteo, los árboles
rebosan agua y raudo golpear de aletas.

El aire cargado con lo que aún no ha sucedido,
el agua con todo lo que sí;

10.

el tucán que será arrancado de su rama y engullido
hasta las plumas ensangrentadas y la dura punta del pico

por un águila harpía.
Las pirañas que desmembraron un perezoso que nadaba.

Los lagos se drenan en sus cuencas dejando una orilla limpia.
La ribera resurge en amasijo de barro.

The season of want approaches and recedes. The sunlight
and the heat, and, soon,

the water giving way.

Amazonia, January 2004

La temporada de escasez se acerca inexorable. La luz
y el calor y, pronto,

el agua, desaparecerán.

Amazonia, enero de 2004

BIRDWATCHING IN WARTIME

The rain comes and the sound
of water hitting water raises
an ovation, the canal pocky
with applause. We move up river,
hoods up, heads down, the boat
ottering through the trees. When
sunlight breaks free and disrobes
in the canopy we see the heron—
a tiger—striped and striated
and thick on a snag. She rolls
her shoulders, wings out to catch
the light, rainforest backlit
behind her, looming up like praise.

At sunset a *guanacaste,* a single
sculpted cone of flooded forest
rising from water licked with
the last light, currents of lavender
and ginger drawing through
the slough, water and a tree,
solitary. Then a multitude
of birds, flamingo gawky but
a deeper red, came dropping in
along the water to rise and cup
the wind and awkward fall into
branches against a failing sky.

ORNITOLOGÍA EN TIEMPOS DE GUERRA

Llega la lluvia y el sonido
de agua golpeando agua eleva
una ovación, el canal picado
de aplausos. Remontamos el río,
encapuchados, cabizbajos, la barca
nutria entre los árboles.
Cuando la luz del sol irrumpe y se desnuda,
en el dosel vemos la garza
–una tigre–, rayada, estriada
y gruesa, en un tocón. Cimbrea
sus hombros, alas al aire para atrapar
el sol, la selva a contraluz
tras ella, espontánea como un piropo.

Al ocaso un guanacaste, única
señal esculpida de la selva inundada,
asciende desde el agua lavado de
luz última, hileras de lavanda
y jengibre a través del
fangal, el agua y un árbol
solo. Después un tropel
de aves desgarbadas como flamencos, pero
de un rojo más profundo, se acercó
al agua para acariciar
el viento y perderse torpes en
las ramas recortadas contra un cielo malherido.

All night, scarlet ibis painted
that tree, drop by unbearable drop.

In the early dawn, a trogon stoic
as a general in the ficus and great
green macaws in the crowns
of wild almonds—metallic calls,
little soldiers with their chevroned
shoulders. They storm through
the canopy raining almond shells
like shrapnel on the forest floor.
Dawn marshals above the trees
as the light assembles on their tops,
marches down the canopy. How
easily it turns, how quickly words
slip, like knives into rinds. My hushed
footsteps through leaflitter,
my DEET-numb lips. The guides
have left us, sick from metaphor,
scopes up on their shoulders
like rifles. They have long since felt
a change in the weather and step
awkwardly away through shin-deep
mud and fishtail palms, calling
after toucans: *Dios-te-dé, Dios-te-dé!*
In their minds they are already laughing
and smoking beneath the lean-to
as the rain gallops down around them.

Toda la noche, el ibis escarlata pintó
aquel árbol, gota a, insufrible, gota.

Cercana el alba, un estoico trogón
como un general sobre el ficus y guacamayos
verdes mayores en las copas
de los almendros silvestres: cantos metálicos,
soldaditos de hombros
galoneados. Asaltan
el ramaje provocando una lluvia de almendra,
metralla sobre el tapiz vegetal.
El alba desfila sobre los árboles
mientras la luz se arma en sus copas,
baja marchando la enramada. Qué
fácil gira, cuán raudas las palabras
se deslizan, como filos en la corteza. Mudos
pasos sobre la hojarasca,
mis labios entumecidos por DEET. Los guías
nos abandonan, hartos de metáforas,
las miras sobre sus hombros
como fusiles. Hace tiempo que intuyen
un cambio en el tiempo y se alejan
con torpeza con el barro
hasta la espinilla y las palmas cola de pez repitiendo
como tucanes: *¡Dios-te-dé, Dios-te-dé!*
Ya se imaginan riéndose
y fumando bajo el chamizo
mientras la lluvia galopa a su alrededor.

TWIN

The Psi function for the entire system would express this by
having in it the living and the dead cat (pardon the expression)
mixed or smeared out in equal parts.
"Die gegenwartige Situation in der Quantenmechanik"
E. Schrödinger

Fall has finally come in a torrent
that tears leaves from the locust—
glitter mucking up the gutter,
choking the storm sewer, water
backing up, bowed with oil and filmy—
and, no, what it makes me think of
is not love dying, the glorious bronze
rage and ruin of the last days, and
not my own age yammering in the dark
as it loses control of its bladder again
and the piss rains out on the mat
before the toilet golden as shame, no,
not all that, but strangely enough,
a cat, a particular cat locked in a box,
forced to live its life stalking corners,
unaware of the isotope's decay hanging
fire in that space like a bare bulb,
the one that will split its life in two (two
halves unhalved and parallel): one cautious,
alive and aware, green foil of eyeshine,

GEMELO

La función psi de todo el sistema expresaría esto al contener
al gato vivo y al gato muerto (perdonen la expresión)
mezclados o confundidos a partes iguales.
«Die gegenwartige Situation in der Quantenmechanik».
E. SCHRÖDINGER

El otoño ha vuelto al fin en un torrente
que rasga las hojas de la acacia:
destellos que atascan el desagüe,
obstruyen la alcantarilla, agua
que rebrota velada y sucia de aceite;
y, no, no me hace pensar
en el amor que muere, el glorioso bronce
rabia y ruina de los últimos días, ni
en mi propia edad que gime en la oscuridad
y de nuevo pierde el control de la vejiga
y la orina empapa la alfombrilla
frente al váter dorado de vergüenza, no,
en nada de eso, sino por extraño que parezca,
en un gato, un gato en concreto encerrado en una caja,
obligado a vivir su vida acechando por los rincones,
ajeno a la fusión del isótopo en suspenso
en ese espacio como una bombilla desnuda,
el que partirá su vida en dos (dos
mitades indisolubles y paralelas): una cauta,
viva y consciente, verde nácar en el brillo de sus ojos,

the other flat and black as a burn
on the floor. They exist together,
the carcass and the stalking silhouette,
witched together by possibility's spell.
But I'm afraid it's all just metaphor,
quantum reflection in the mirror of desire.
Not the cat alive *or* dead, but both
at once: love and its failure, metaphor
and madness, youth and age with
its orchestra of sighs, the leaves
streaming through the storm-rich dark
and the mess they cause in the gutter.
Metaphor strokes the cat and buries it,
slides out from beneath the last daylight,
straightens her skirt and smoothes her
pink-streaked hair. Metaphor turns the air
to viognier and buys a round for the house—
she's generous that way. Metaphor
fucks a guy she finds in the bathroom,
makes him a poet. Metaphor stalks
through the night, painting the air
with a waste of ________ that makes even
bridges beautiful. She wakes in the morning
without regret, but Metaphor doesn't talk
about her twin brother, locked away
in the hospital, pacing an ellipse
into the carpet beneath the single bulb
always on in that windowless room.

la otra apagada y negra como quemadura
en la tarima. Coexisten,
la carroña y la sombra al acecho,
hechizadas por mor de la probabilidad.
Pero me temo que es sólo una metáfora,
reflejo cuántico en el espejo del deseo.
No el gato vivo *o* muerto, sino ambos
al tiempo: el amor y su fracaso, metáfora
y locura, juventud y vejez con
su orquesta de suspiros, las hojas
que se arrastran por la oscuridad henchida de tormenta
y el desastre que provocan en la alcantarilla.
Metáfora mata al gato y lo entierra,
se desliza tras la última luz del día,
se alisa la falda y se atusa el
pelo veteado de rosa. Metáfora transforma el aire
en vino de Viognier e invita a todos a una ronda;
es su forma de ser generosa. Metáfora
se folla al tipo que se encuentra en el baño,
lo vuelve poeta. Metáfora acecha
en la noche, pintando el aire
con un resto de ________ que incluso hace bellos
a los puentes. Despierta por la mañana
sin remordimientos, pero Metáfora nunca habla
de su hermano gemelo, preso
en el hospital, ése que traza una elipse
en la moqueta bajo la única lámpara
siempre encendida en esa habitación sin ventanas.

AMERICAN PASTORAL

First, there's the rank stupidity
of their mucilaginous mouths,
their wide rolling eyes

that look up as you pass (your dog
at your heels) like white Jell-o
molds bouncing on a bumped table

where the burgers and hot dogs
line up eager as children
before the condiments and cheese,

flaccid sheaves of iceberg lettuce,
and the watermelon smiles
echo the cisterns of bunting

that hang from the slatted porch
in the sunlight. Chewy automatons,
but there's a sentimentality to the way

they spread themselves across
the field, the shattered yin-yang
of their hides, the way they clump

PASTORAL AMERICANA

Primero, la apestosa estupidez
de las mucilaginosas bocas,
los grandes ojos en blanco

que te miran al pasar (el perro
pegado a los talones) como blancos moldes
de gelatina que rebotan en una mesa coja

donde hamburguesas y perritos calientes
se alinean ansiosos como niños
ante los condimentos y el queso,

flácidos manojos de lechuga iceberg,
y las sonrisas de sandía
copian las hileras de banderines

que cuelgan del porche de madera
bajo el sol. Rumiantes autómatas,
si no fuera por la forma sensiblera

que tienen de ocupar
el campo, por el malogrado Yin-Yang
de su piel, por esa forma de agolparse

together beneath the thin, stripped
maples, their square butts ripe
with flies. The fields flow over

the hill and beyond, the blue sky
speckled with the white froth
of the clouds and the cows

plotz and shuffle their thickness
down to the farmer who has moved
across this field on his quad-runner,

the fenders flared and startled
with mud, and it is no longer
the century you were imagining.

The farmer has his laptop out
and enters a herd of data
into the machine, driving it

through his Wi-Fi to the small barn
of a spreadsheet, taming it the way
his cows are tame, microchip ear-tags
dangling like the last leaves in autumn.

bajo los arces débiles,
aterridos, sus culos cuadrados
comidos por moscas. Los campos se extienden sobre

la colina y más allá, el cielo azul
salpicado de blanca espuma
de nubes, mientras las vacas,

agitadas, arrastran su abundancia
hasta el granjero que se desplaza
por el campo en *quad*,

el guardabarros brilla sacudido por
el fango, y ni siquiera es
el siglo que imaginas.

El granjero saca su portátil
e introduce datos en manada
en la máquina, los fuerza a entrar

con su wifi al diminuto cercado
de una hoja de cálculo, los doma igual que
a sus vacas, crotales microchip
pendientes como las últimas hojas del otoño.

LANDSCAPE WITH URBAN ELEPHANTS

No one knows exactly how many elephants
there are in Bangkok.
PBS

Up from the dumps and the red hollows
where water wells from the bottle-speckled mud,

up from the scrub and cracked palms, up from the can-fires
into the dazzle and slither of traffic muscling

around these boulders of hide and waddle,
up from a distant bliss of tree fern and orchid,

from mahogany and kapok, the elephants come
to the city. Big-shouldered and wattled.

Their slow bop strut up the boulevards,
a repertoire of rolled eights kept by the metronome

of bottlebrush tails syncopated by reflecting tape
patched across their asses. Painting elephants,

dancing elephants, peanut-eating, banana-slinging
elephants, half-smiles and great, gray Walt Whitman eyes

PAISAJE CON ELEFANTES URBANOS

Nadie sabe exactamente cuántos elefantes
hay en Bangkok.
PBS

Desde los vertederos y los rojos charcos
donde el agua brota del fango salpicado de botellas,

desde los matojos y las palmeras rotas, desde las hogueras en bidones
hacia el flujo y reflujo del tráfico que oprime

estos cantos de cuero y contoneo,
desde el lejano dulzor del helecho y de la orquídea,

desde la caoba y el capoc, los elefantes llegan
a la ciudad. El lomo ancho y zarzo.

Su lento bombo sube pavoneándose los bulevares,
su repertorio de ochos al metrónomo

de colas de escobilla sincopadas con la cinta reflectante
pegada en sus traseros. Elefantes pintores,

elefantes que bailan, que comen cacahuetes, elefantes que lanzan
plátanos, con medias sonrisas y grandes ojos grises de Walt Whitman

above the bike lights that swing from their trunks.
Traffic swerves around their oil-slick piles of shit.

Beneath it all, a squall of noise, flutter of trunks,
they sing: *platter-foot, big toe, skin of wet burlap.*

They sing: *It don't mean a thing if it ain't got that swing.*
Deep into the night alight with sodium

their back-beat rumbles travel for miles, pacing
a high-hat rhythm the tuk-tuks keep beneath the Skytrain.

They totter off to sleep it off beneath the milk-colored
dawn as their tails keep their own rough time.

sobre las luces de bici que se balancean en sus trompas.
El tráfico esquiva la marea negra de sus moles de caca.

De fondo, una borrasca de ruido, un aleteo de trompas,
cantando: *pata de disco, dedo del pie, piel de húmeda arpillera.*

Cantan: *It don't mean a thing if it ain't got that swing.*
En el corazón de la noche iluminada de sodio

su estruendo a contratiempo avanza eternamente, marcando
un ritmo de címbalo que los tuk tuks siguen bajo el Skytrain.

Se arrastran a dormir la mona bajo el alba color de leche
y sus colas siguen su propio y enrevesado compás.

II

II

CELESTIAL EMPORIUM OF BENEVOLENT KNOWLEDGE: a Sequence

In "The Analytical Language of John Wilkins," Jorge Luis Borges describes a Chinese Encyclopedia, in which it is written that all plants and animals may be divided into:

1. those that belong to the Emperor

A cat sweeping dawn into the corners
of the City. Pheasants with black heads
and necks squared in crimson that warble
and cluck when tossed grain. Sable antelope
clacking their horns among willow branches
by the river. Trumpet vine, heliotrope, the red
bird of paradise. Flies spinning above sliced
melon. Ten thousand rhododendrons and
the green writhing of dahlias. Globe-eyed carp
among saucers of hyacinth. The dragon
of morning and evening. Gibbons and
the orangutan that haunts the trees beyond
the terrace. Hornbills and buntings.
The raffish pose of the frill-necked lizard.
Mackerel and tuna stacked on ice. Mandrills
like clowns. Three stags and a decomposing body
laid out on a slab. Binturong. Bromeliad.
Clownfish and anemones. Five thousand butterflies
and one lepidopterist. A family of yak.

EMPORIO CELESTIAL DE CONOCIMIENTOS BENÉVOLOS: una secuencia

En «El idioma analítico de John Wilkins», Jorge Luis Borges describe una enciclopedia china, en la cual está escrito que todas las plantas y animales se clasifican en:

1. pertenecientes al Emperador

Un gato barre el alba por los rincones
de la Ciudad. Faisanes de cabezas negras
y ajedrezados cuellos carmesí trinan
y cloquean al echarles grano. Los antílopes sable
entrechocan sus cornamentas entre las ramas del sauce
junto al río. Enredadera de trompeta, heliotropo, ave
roja del paraíso. Las moscas revolotean sobre el melón
en rodajas. Diez mil rododendros y
el verde retorcerse de las dalias. Carpas de ojos redondos
entre macetas de jacinto. El dragón
de la mañana y la tarde. Gibones y
el orangután que ronda entre los árboles allende
las terrazas. Cálaos y escribanos.
La pose indolente del lagarto de collar.
Caballa y atún apilados en el hielo. Mandriles
como payasos. Tres ciervos y un cuerpo en descomposición
dispuesto sobre una losa. Manturón. Bromelia.
Pez payaso y anémonas. Cinco mil mariposas
y un lepidopterólogo. Una familia de yaks.

Tiger lilies with their mouths full of bees.
The clouded leopard that hunts mice and frightens
the horses. Cattle. Roses and the spring litter
of cherry trees. Cattails, irises, the emerald heads
of pintail ducks. Anything the heart desires:
A bat in a cage without a door. Tiny elephants
and the lizards that hunt them. Glass frogs,
their visible hearts hammering through their skin.
Lungfish. Spiders the size of books. A handful
of stones and two eggs of unknown origin.

2. those drawn with a very fine camel's hair brush

It's not what I thought, not matted mohair
shaved from the gamy flank and Mr. Camel,
the inventor, not named for the harelip,
for the split toes, for the godawful smell
and the knees swollen as breadfruit.
Not *ata Allah*—God's gift—with its boat-
rolling gait. Not the ropey tail.
Rather, it's the ox or the goat,
squirrel or pony, *carcasses* abandoned
for the delicacy of a *caress*. Remains
as in affirmation, as in a man stroking
the cheekbones of his telescope's mirror
on the high balcony, the city painted up
around him like the caves at Lascaux,

Lirios tigre con bocas llenas de abejas.
La pantera nebulosa que caza ratones y asusta
a los caballos. Ganado. Rosas y la alfombra de pétalos
de los cerezos. Totoras, flores de lis, las cabezas esmeralda
de los ánades rabudos. Todo lo que un corazón puede desear:
un murciélago en una jaula sin puerta. Elefantes diminutos
y lagartos que les dan caza. Ranas de cristal
con corazones a la vista martilleando a través de la piel.
Dipnoos. Arañas grandes como libros. Un puñado
de piedras y dos huevos de origen desconocido.

2. dibujados con un pincel finísimo de pelo de camello

No es lo que parecía, ni el enredado mohair
afeitado del maloliente ijar ni el Sr. Camello,
su inventor, nombrado así no por su labio leporino,
ni por el pie bifurcado, ni por el terrible hedor,
ni por las rodillas hinchadas como fruta del pan.
No es el *ata Allah* –regalo de Dios– con su balanceo
de barco. Ni el rabo rugoso.
Más bien, el buey o la cabra,
la ardilla o el poni, *carcasas* abandonadas
por la delicadeza de una *caricia*. Restos
como afirmando, como el hombre que roza
los pómulos de la lente de su telescopio
en el balcón elevado, la ciudad pintada
a su alrededor como las cuevas de Lascaux,

tinted bulls in ocher and carmine,
the bird-headed man scorched in cinnamon
and the swimming stags. True stars
extinct in the city, the night sky gone
the color of sun-baked asphalt, a welter
of traffic rivering beneath his feet,
he watches a man and a woman undress
each other down the barrel of 3rd Avenue,
their several shadows burned onto the wall
as with the delicacy of a camel's hair brush.

3. those that are trained

The dog behind the fence is a symbol
for desire, for the anywhere-but-here grit
on the teeth found up the endless swerve
of river road high at the end of the valley.
The bent paneling, creased as tar
in the den, where the blue suede
from the small black and white
fills the room and the only channel
on this late is a gospel station
where a preacher mutters and sweats
then gut punches a man whose cancer
has returned, the paneling says something
too about desire as the room
goes gravel-colored with smoke,

toros teñidos de ocre y carmín,
el hombre con cabeza de pájaro requemado con canela
y venados que nadan. Verdaderas estrellas
extintas en la ciudad, el cielo nocturno vuelto
color de asfalto recalentado, una maraña
de tráfico que fluye a sus pies,
mientras ve cómo un hombre y una mujer se desnudan
mutuamente por el cañón de la Tercera Avenida,
sus múltiples sombras a fuego sobre la pared
como con la delicadeza de un pincel de pelo de camello.

3. amaestrados

El perro tras la cerca es un símbolo
del deseo, la arenilla en los dientes del donde-sea-menos-aquí
que uno encuentra en el infinito girar
del río, carretera arriba al final del valle.
Los paneles combados, fruncidos como brea
en la guarida, donde la azul gamuza
de la pequeña tele en blanco y negro
inunda la habitación y la única cadena
a estas horas es un canal de góspel
donde un predicador murmura, suda
y golpea en las tripas a un hombre cuyo cáncer
ha vuelto, paneles que también dicen algo
sobre el deseo, mientras la habitación
se vuelve color de grava con el humo,

the remains of a dimebag on a black
album striped by the full spectrum.
But leave them now, these two boys
who might be you and me, these boys
made up of memory and ash
and smoke, these two boys who have
the TV turned down and *Dark Side*
cranked again and the alarms are
detonating and the bells and the clock
tick-tocks like a damaged heart and
it all seems at once easy and impossible
because the road down valley is the only road
to everywhere as the dog barks and barks
and will never, ever, shut the fuck up.

4. fabulous ones

This poem is brought to you by the letter C

Cattle egret, Big Bird says, *cetacean,*
the word squeaking like wet whale skin.

Big Bird keeps it real—his thug-life strut.

Do you like giants?
Only the small ones, the boy says.

la marihuana restante sobre un disco
negro con todo un espectro a rayas.
Olvídalos ya, a estos dos chicos
que podríamos ser tú y yo, estos chicos
hechos de memoria y ceniza
y humo, estos dos chicos con
la tele en voz baja y *The Dark Side*
a todo volumen y las alarmas se
disparan y los timbres y el reloj
hace tictac como un corazón herido y
todo parece al mismo tiempo fácil e imposible
porque la carretera valle abajo es el único camino
a cualquier parte, mientras, el perro ladra y ladra
y nunca, pero nunca, cerrará la puta boca.

4. fabulosos

Este poema es cortesía de la letra C

Cría de garceta, dice Caponata, *cetáceo*,
la palabra rechina como piel de ballena húmeda.

Caponata es muy auténtica; su contoneo de gánster.

¿Te gustan los gigantes?
Sólo los pequeños, dice el niño.

Chinese catfish, cassava, cassowary.

He's an intellectual, spends his days off
in coffeehouses, crossing and uncrossing
the long orange tubes of his legs, discussing

Chomsky, conditional freedom, and *Cervantes*

with anyone who will listen. He marches
against the war, a thousand people
at his back, chanting

Catastrophe, cruise missile, children.

Big Bird refuses to fly south for the winter,
puts on his scarf and heads out the door.

You can't fool me, the boy says.
I know Big Bird's not real.
It's just a suit with a little bird inside.

5. mermaids

She comes ashore alone, humping
through the surf like an elephant seal.

Caballa china, casava, casuario.

Es toda una intelectual, se pasa los días libres
en cafés, cruzando y descruzando
sus largos tubos color naranja de sus piernas, hablando de

Chomsky, la libertad condicional y *Cervantes*

con todo aquel que quiera escuchar. Se manifiesta
contra la guerra, mil personas
detrás, coreando

Catástrofe, misil de crucero, chiquillería.

Caponata rehúsa volar al sur en invierno,
se pone la bufanda y se dirige a la puerta.

No me puedes engañar, dice el niño.
Sé que Caponata no es real.
Es sólo un disfraz con un pajarito dentro.

5. sirenas

Llega a la costa sola, asomando
entre la espuma como un elefante marino.

Waves slam on the flat sand and the hillside's
afire with Christmas lights swagged

on piled balconies, the beach half-canyoned
by the high-rises ripping up the sky.

Her whiskers drip like piss, six flabby tits
down her chest, but her voice, when

she opens up that clam-can mouth,
comes on like Nina Simone's, gargantuan,

as the sand flies tear at her wrists
bent backwards on the sand. No one

comes out from the condos on the shore—
Tommy Dorsey's on the radio and the news

comes on at five. A corona of gulls tears
at plastic sacks dreadlocked in her hair

as she funnels into the chorus
what might be of *Love Me or Leave Me*

alone on a swollen tongue of beach.
The surprising velocity of dusk as the light fails.

Las olas golpean la suave arena y la ladera
arde con luces de Navidad que adornan

los balcones apilados, la playa casi encañonada
por edificios que rasgan el cielo.

Sus bigotes chorrean como pipí, seis flácidas tetas
pecho abajo, aunque la voz, cuando

abre esa boca de lata de almejas,
sale como la de Nina Simone, descomunal,

y los jejenes pican sus muñecas
vueltas sobre la arena. Nadie

sale de las urbanizaciones en la orilla;
Tommy Dorsey en la radio y las noticias

a las cinco. Una corona de gaviotas rasga
las bolsas de plástico trenzadas en su pelo

mientras ella se une al estribillo
de lo que podría ser *Ámame o déjame,*

sola en una gruesa lengua de playa. La sorprendente
velocidad del atardecer mientras la luz se apaga.

6. stray dogs

gather behind the zoo
  to test the fence
and run the antelope,
  skittish the gazelles,
and scatter the dawning
  flamingos. In the morning
small bleating sheep
  shy from the carcass
of their own, entrails
  running bloody ribbons
along the corn and sawdust
  floor. A pronghorn's
haunch glazed with flies
  half-buried in the leaves,
but the dogs are long gone,
  hiding, bramble-tied,
curled in sleep, the day
  rotten with light,
as the sun piles up the sky.

7. those that tremble as if they were mad

Sunlight slits into the mist which lingers
        in the forest, leaves
                so jittery with the pulse

6. perros sueltos

se juntan detrás del zoo
 para probar la valla
y perseguir al antílope,
 asustar a las gacelas,
y dispersar a los albos
 flamencos. Por la mañana
corderitos que balan
 espantados ante el cadáver
de uno de los suyos, entrañas
 que trazan lazos sangrientos
a través del grano y del suelo cubierto
 de serrín. Una pata
de berrendo glaseada de moscas
 semienterrada en hojas,
pero los perros hace mucho que se fueron,
 se esconden entre las zarzas,
duermen acurrucados, el día
 podrido de luz,
mientras el sol se acumula en el cielo.

7. que se agitan como locos

La luz hiende la niebla que se demora
 en el bosque, tan inquietas
  las hojas con el pulso

of dripping water their shadows
tremble on the forest floor

and a hummingbird—a green violet-ear—haunts
the lilac-blazed path
down the Rio Savegre valley
where in stock ponds trout rib the water
with interlocking loops as they rise

towards a late hatch of stonefly.
The bird's incomprehensible heart
hammers up into the rafters
of its chest as its black tongue wires
the blossoms from below,

and what this has to do with knowledge,
who can say? Madness could be
the road down canyon,
laddered switchbacks testing the gearbox,
could be coffee plantations

woven into the cliffside, the crimson *pointillisme*
of the fruit against
the waxy leaves. But benevolence
must be the oceanic color of the tear
that streaks the emerald iridescence,

del goteo que sus sombras
tiemblan en la foresta

y un colibrí –un orejiazul– ronda
el sendero arrasado de lilas
valle del río Savegre abajo,
donde en los estanques truchas vacilan al agua
con bucles que se entrelazan mientras suben

a comer la última eclosión de moscas de la piedra.
El inescrutable corazón del pájaro
martillea contra los límites
de su pecho mientras su negra lengua atrapa
los brotes que llegan desde el fondo,

¿y qué tiene esto que ver con la sabiduría?
Quién sabe. La locura podría ser
el camino cañón abajo,
curvas escalonadas que ponen a prueba la caja de cambios,
podría ser los cafetales

tejidos contra el acantilado, el puntillismo carmesí
de la fruta contra
las céreas hojas. Pero la benevolencia
ha de ser del oceánico color de lágrima
que cruza la esmeralda iridiscencia,

must be the act of naming
this bird for the sea—*Colibri thalassinus.*
Far from the shore,
the clouds' surf breaks against the coast
of the cordillera far below.

8. those that are *not* included in this classification

Just as Don Quixote,
crumpled as laundry
and laid out across

the Spanish *paisaje,*
pukes up into the face
of Sancho Panza,

and Sancho, hovering
and concerned for his
oafish, wounded lord,

follows suit and pukes down
into the face of the man
who promised him

a garden ripe with cockatoos
and the fleshy erotics
of the seabreeze,

ha de ser el acto de nombrar
          este pájaro como el mar: *Colibri thalassinus*.
                    Lejos de la orilla,
          más abajo la espuma de las nubes se estrella
                    contra la costa de la cordillera.

8. *no* incluidos en esta clasificación

Al igual que don Quijote,
arrugado como ropa sucia
y desplomado sobre

el hispánico paisaje,
vomita en la cara
de Sancho Panza,

y Sancho se inclina
preocupado sobre su
señor, torpe y herido,

sigue su ejemplo y vomita
sobre el rostro del hombre
que le prometió

un jardín lleno de cacatúas
y el erotismo carnal
de la brisa marina,

so the black tulips
stunned with carmine or
a gaudy wisp of violet rip

through the leaf-litter, swing
and knock against each other
like mallets. It's spring

and the new sun, the lawn
paved with fat platters
of magnolia blossoms.

The wind rises and shreds
Sancho's island of sunlight
and fog, the galloping

surf of the rough, windward coast
where the name of every lost creature
gets written on pages of air,

where the dodo chuckles and grunts,
where the ivory-billed woodpecker
jackhammers long-leaf pine,

and dusky seaside sparrows
metronome marsh grass down
the scoured, dune-heavy shore.

así los tulipanes negros
ebrios de carmín o
de una ráfaga de brisa violácea

a través de la hojarasca se cimbrean
y entrechocan
como mazas. Es primavera,

el nuevo sol y el césped
pavimentado con macetones
de magnolia en flor.

El viento se alza y despoja
la isla de Sancho de luz
y de niebla, la galopante

espuma del rudo barlovento
donde el nombre de todo animal extinto
queda inscrito en páginas de aire,

donde el dodo cloquea y gruñe,
donde el carpintero real
taladra el pino de hoja larga,

y los chingolos costeros negros
miden el compás de la hierba
a través de la erosionada costa densa de dunas.

9. embalmed ones

Take the body into the tent,
wash it with palm wine
and rinse in the water of the Nile.

Rats and cats sacked
in freeze-dried packs.

Cut into the left side, always left,
and gather all organs save
the heart—it will be needed.

Sliced sections of a human head
suspended in green fluid.

With bronze hooks inserted
up the sinuses and through
the ethmoid bone, a twist of

A Gobi bear, a camel fetus, that two-headed
dog with its permanent snarl,

the wrist is all it takes to extract
the brains. Rub the body with natron.
Stuff with sawdust, leaves and linen—

9. embalsamados

Llevar el cuerpo a la tienda,
lavarlo con vino de palma
y enjuagar en agua del Nilo.

Ratas y gatos encerrados
en bolsas liofilizadas.

Incidir en el costado izquierdo, siempre el izquierdo,
y extraer todas las vísceras excepto
el corazón; será de utilidad.

Secciones troceadas de cerebro humano
suspendidas en fluido verde.

Con garfios de bronce insertados
senos arriba y a través
del hueso etmoides, un golpe de

Un oso del Gobi, un feto de camello, ese bicéfalo
perro con su eterno gruñido,

muñeca es todo lo que hace falta para extraer
el cerebro. Frotar el cuerpo con natrón.
Rellenar de serrín, hojas y lino;

and all the species
in the genus Arctocephalus.

it can be made quite lifelike.
After forty days, wash again with wine
and myrrh. Wrap in linen, alternating

Baboons, birds, and crocodiles.
Sacred bulls in their own cemetery at Sakkara.

coats of resin. A priest will perform
the rites to Open the Mouth. Now
the body can eat and drink, smell

Hunger preserved in a collection
of sheep stomachs,

the flowers of the afterlife, taste the names
of the fruits of the dead. The heart remains
inside waiting for its counter weight—

the last Tasmanian wolf
dead in a Hobart zoo.

y todas las especies
del género Arctocephalus.

puede resultar muy realista.
Pasados cuarenta días, lavar de nuevo con vino
y mirra. Envolver en lino, alternando

Babuinos, pájaros y cocodrilos.
Toros sagrados en su propio cementerio en Sakkara.

capas de resina. Un sacerdote ha de oficiar
el rito de apertura de la boca. Ahora
el cuerpo puede comer y beber, oler

Hambre conservada en una colección
de estómagos de oveja,

las flores del otro mundo, paladear los nombres
de las frutas del muerto. El corazón queda
dentro esperando a su contrapeso;

el último lobo de Tasmania
muerto en el zoo de Hobart.

10. suckling pigs

This encyclopedia of articulate nothing,
taxonomy of damage, library of sand.
Manuscript of clouds, archipelago of crabs
in a wash of seafoam. I could write anything—
a pack of pigs sucking at the blank canvas
of the sow's belly—and you'd believe it.

11. others

The rainbow hits the water hard,
            a spray of color almost physical—
    wind rich and horizontal
            from the west—rain tearing
    gnarled waves, coconut froth
and ratty, wet raffia in the soup.

The ocean's the conclusion
            to the clumsy whisper of names
    we read onto the land—hummock, tussock,
            beach, spit, strand. No words
    for the choppy shove of the waves,
the ache they leave on the sand slipping away.

Lianas, waree palm, mahogany.
            The estuary humming with the tongues

10. lechones

Esta enciclopedia de elocuente nada,
taxonomía del daño, biblioteca de arena.
Manuscrito de nubes, archipiélago de jaibas
en golpes de espuma. Podría escribir cualquier cosa
–una piara de cerdos chupa del lienzo en blanco
del vientre de la cerda– y tú te la creerías.

11. etcétera

El arcoíris golpea el agua con fuerza,
          una ráfaga de color casi física
   –viento abundante y horizontal
          del oeste–, lluvia que rompe
   las nudosas olas, espuma de coco
y raída, húmeda rafia en la sopa.

El océano es el final
          del torpe susurro de nombres
   que leemos en la tierra: mogote, mata,
          playa, espetón, costa. Sin palabras
   para el agitado empujar de las olas,
el dolor que dejan sobre la arena al huir.

Lianas, chapaya, caoba.
          El estuario murmurando en las lenguas

of many rivers—*Chirripo, Sierpe, Suerte*—
as *rana con* blue jeans,
the blue jeans frog (*Dendrobates pumilio*),
thumbnail small in the tannin muck,

and fishtale palm, trills its delicate Morse.
All that language tunneling into
the steaming earth as the sun returns,
awkward somehow, this business.
We live in the words we use,
says Wittgenstein, so what to make

of the parataxis of genus and species—
the Latin running underneath it all,
electric life of a dead language
translated here to the tri-color of exile?
A large brunette bird whistles
and pops as it hunts in the crown of palms.

In English it's Montezuma's Oropendula
and the Latin's pure gold: *Psarocolius montezuma*.
At night green sea turtles return
to nest on this eponymous coast,
heads down in the wracked sand, laboring
with their winged, inarticulate hands.

Chelonia mydas, their owlish eyes tear up
in the desiccate air. Sea oats
toss their blond hair. They see little

de muchos ríos –Chirripo, Sierpe, Suerte–
como la rana con *jeans,*
la rana en *blue jeans* (*Dendrobates pumilio*),
menuda en miniatura en el tanino estiércol

bajo las caryotas, trina su delicado morse.
Todo un idioma socava
la tierra humeante mientras el sol devuelve,
de forma algo torpe, esta marcha.
Vivimos en las palabras que usamos,
dice Wittgenstein, y qué hacer entonces

de la parataxis de género y especie;
el latín que discurre oculto,
la vida eléctrica de una lengua muerta
trasladada aquí al tricolor del exilio.
Un gran pájaro oscuro silba
y salta mientras caza en las copas de las palmas.

En inglés es *Montezuma's Oropendula*
y en latín es oro puro: *Psarocolius montezuma.*
De noche, las tortugas marinas verdes vuelven
para anidar en esta costa epónima,
cabeza abajo en la arena algosa, trabajan
con sus manos inarticuladas en forma de ala.

Chelonia mydas, sus ojos de búho rasgados
en el aire reseco. La avena de mar
se atusa la rubia cabellera. Ven poco

beyond sand tented with driftwood
but gasp with beaked mouths as if drowning
in the incomprehensible surf of the wind.

12. innumerable ones

How to count? Begin with one, or $n + 1$
where n is the number of ants in a colony,
and 1 is you looking over your own shoulder,
looking into the earth, driving a stick down
into the mound like a gifted chimp, pulling it out
to count the inscrutable bodies, huge-headed
warriors sawing the wood. Where n is bacteria
and 1 is your colon, the wealth of *E. coli*
colonizing and shifting upriver, where n
is the burger you ate yesterday and 1 is you
heaving into the sink and falling back
wracked with fever. Where n is brine shrimp
and 1 the stink they make on a hot day,
the light above the Great Salt Lake gone flat
and gauzy. Where n is the caribou cresting
across the Porcupine in the Yukon and n^2
the mosquitoes that blind them—eyes jammy
with crushed bodies—and drive them mad.
Where 1 is the Cessna and the rifle,
where 1 is the bullet and the carcass
resting on the tundra's mossy sponge.

más allá de la arena techada con madera traída por las olas,
aunque jadean con sus picudas bocas como si se ahogaran
en el incomprensible oleaje del viento.

12. innumerables

¿Cómo contar? Empieza con uno, o $n + 1$
donde n es el número de hormigas de una colonia,
y 1 eres tú mirando por encima del hombro,
la vista en el suelo, hundiendo un palo
en el montículo como un mono ingenioso, sacándolo
para contar los cuerpos inescrutables, los guerreros
cabezones que sierran el bosque. Donde n es bacteria
y 1 es tu colon, la armada del *E. coli*
coloniza río arriba, donde n
es la hamburguesa que te comiste ayer y 1 eres tú
vomitando en el lavabo y cayendo hacia atrás
aturdido por la fiebre. Donde n es camarón en salmuera
y 1 el pestazo que suelta en un día de calor,
la luz sobre el Gran Lago Salado plana
y difuminada. Donde n son los caribúes que suben
por el Porcupine en el Yukón y n^2
los mosquitos que los ciegan –los ojos repletos
de cuerpos aplastados– y los vuelven locos.
Donde 1 es el Cessna y el fusil,
donde 1 es la bala y la carroña
que yace en la mullida esponja de la tundra.

13. those that have just broken a flower vase

Because some birds land only to nest,
because they travel through the canyon's
half-light like science fiction standards,
the swerve and veer through a dangerous chute,
because down valley the landscape fades
to a geometric test of wills—algebraic
agriculture arguing with the river's
floodplain calculus—because the clouds
branch and froth in blossom above
the Allegheny Mountains, because
these peaks have been lifted up
and torn down three times, because
exhaustion writes its name in deer trails
across the smoky hillsides in midwinter,
because beauty walks hand in hand
with grief, because it's the only time
she'll ever see one, I'll talk about
the collared swift that died in flight
(family name *Apodidae*—without feet)
and landed in my neighbor's pachysandra.
The picture window rang where
it smacked the glass. Framed in the casement,
her husband drops to his knees in the March-wet
earth, a stroke blooming up the branches
in his head. At least that is how I choose
to imagine it—the gelling of the narrative

13. que acaban de romper un florero

Porque algunos pájaros se posan sólo para anidar,
porque viajan a través del cañón
a media luz como clásicos de ciencia ficción,
el viraje y la pirueta por la arriesgada tolva,
porque valle abajo el paisaje se difumina
en una geométrica justa de voluntades –algebraica
agricultura enfrentada al cálculo
de la vega del río– porque las nubes
extienden su espuma en flor sobre
los montes Allegheny, porque
esos picos han sido alzados
y quebrados tres veces, porque
la fatiga escribe su nombre en los senderos del ciervo
sobre las humeantes laderas en pleno invierno,
porque la belleza camina mano a mano
con la pena, porque es la única vez
que ella verá uno, hoy quiero hablar
del vencejo acollarado que murió en vuelo
(de la familia *Apodidae*: sin pies)
y aterrizó sobre la Pachysandra del vecino.
El ventanal vibró justo donde
golpeó el vidrio. Enmarcado por la ventana,
su marido apoya las rodillas sobre la tierra húmeda
de marzo, y un derrame inunda las ramas
de su cerebro. Al menos así es como yo elijo
imaginarlo –el conglomerado de la narrativa

around the low tone of rung glass,
the warm carcass of the bird splayed
in the elegant green of the new shoots,
his dead-arm slump as the cat, startled, drops
from the pie chest and knocks a bud vase
from its place. So, as she turns to find
the door, she sees them both there
suspended in midair, with the grace
of everything about to shatter.

14. those that look like flies from a distance

Start simply—
                                        the dead snag filled
with white herons near Caño Blanco,
the muscular press of clouds above,
the colonnade a plane slices into
and the sudden smallness of the plane
seen from the ground, farmers
looking up from their fields of aloe,
the plants like rows of jade octopi
and the pearl buttons on their shirts
iridescent as flies. A bottle hive
of paper wasps hanging from
the middle story treetops along
the road to San Isidro becomes
the eye of a gazelle gone gauzy and fly-

en torno al tono bajo del sonoro cristal,
el cuerpo aún caliente del pájaro extendido
sobre el elegante verde de los renuevos,
el brazo de él cae, muerto, mientras el gato, asustado, se lanza
desde la alacena y tira un florero.
Por eso, cuando ella se vuelve
hacia la puerta, ve a ambos allí,
suspendidos en el aire, con la gracia
de todo lo que está a punto de hacerse añicos.

14. que de lejos parecen moscas

Para empezar:
el tocón muerto abarrotado
de garzas blancas cerca de Caño Blanco,
la intensa presión de las nubes,
columnata que un avión divide en dos
y la repentina pequeñez del avión
visto desde el suelo. Los granjeros
alzan la vista desde sus campos de aloe,
las plantas como hileras de pulpos de jade
y los botones de nácar de sus camisas
iridiscentes como moscas. Una botella colmena
de avispas de papel que cuelga de
las copas del sotobosque por
el camino a San Isidro se vuelve
el ojo de una gacela, de pronto vidrioso e hipnotizado

charmed on the hot savannah below
a hillside glossy with wildebeest.
Pink dolphins roiling blackwater
as they herd tucunare within the flooded
forest turn to squadrons of toucans
streaming through back-lit kapoks,
long-tendriled lianas, the silver-edged
leaves of the winter's bark trees
school in the wet air like herring.
Plankton bloom in the cold upwelling
of the Chukchi Sea. Shrimp feed
so delicately on the plankton
and sand eels gorge on the shrimp.
I close the book where I have been writing
all day; the unused pages fall whitely
over the City. *What have you learned?*
The words churn, a mob of bitterns
thrash about the corpse of a marten,
hagfish writhe on a gray whale one mile
down as leaf-cutter ants dismember
a nearby *guanacaste* and moths punish
the porchlight. Shoals of starlings
awash in a mackerel sky, small as
the rain that comes on in the distance.

por las moscas, en la ardiente sabana bajo
una ladera satinada de ñus.
Los delfines rosados que agitan el agua negra
mientras adentran tucunarés en la anegada
foresta se tornan escuadrones de tucanes
que pasan a través de capocs a contraluz,
lianas de largos zarcillos, las hojas
de borde plateado de los canelos
en cardumen sobre la húmeda brisa como arenques.
El plancton florece en el frío afluente
del mar de Chukotka. Las gambas comen
con delicadeza del plancton
y las anguilas de arena se atiborran de gambas.
Cierro el cuaderno donde llevo escribiendo
todo el día; las páginas no usadas caen blancas
sobre la Ciudad. *¿Qué has aprendido?*
Las palabras brotan, la turba de avetoros
se ensaña con el cuerpo de una marta,
los mixinos se retuercen sobre una ballena gris una milla
más abajo mientras las hormigas arrieras despiezan
un guanacaste cercano y las polillas ajustician
la luz del porche. Las bandadas de estorninos
inundan un cielo aborregado, pequeños como
la lluvia que aparece a lo lejos.

III

III

UNDERWHELMED

Under the catastrophic dark,
the comet splintering the sky
with its ancient grief,
under the splay-handed palms,
under drinks glowering dark in
globes of glass, under the tender
humidity, the phosphorescent surf,
under the calls of nightjars
chuckling up from the ground,
under the ticking aloe under the moon's
absence, *under, under, under*.
Under the blinking stripes jets
write across the sky, under
stillness, the cabin pressure holding
steady, under the coned light
blanking out pages of gloss, under
the plunge of my love's hair, under
her sadness and her eyes
startling as stars, under our lives,
the miscarried child left in the bowl,
underground, underwater, understory,
under the bougainvillea's whorish musk,
under the coral's forest of horn, under
God, undertow, underdog, under
everything there is a season,
under the absence of twilight,

BAJO IMPACTO

Bajo la negra catástrofe,
el cometa astilla el cielo
con su pena milenaria,
bajo las palmas extendidas,
bajo tragos que brillan oscuros en
esferas de cristal, bajo la tierna
humedad, la espuma fluorescente,
bajo el reclamo de los chotacabras
que gorjean en el suelo,
bajo el tictac del aloe, bajo la ausencia
de luna, *bajo, bajo, bajo*.
Bajo las parpadeantes estelas que los aviones
trazan en el cielo, bajo
la calma, la presión en la cabina bajo
control, bajo el cono de luz
que inunda el papel satinado, bajo
la cascada del cabello de mi amada, bajo
su tristeza y sus ojos
deslumbrantes como estrellas, bajo nuestras vidas,
el hijo abortado en el fondo del bol,
bajo tierra, bajo agua, bajo el bosque de significados,
bajo el almizcle casquivano de la buganvilla,
bajo el bosque de cuerno del coral, debajo
de Dios, bajo la corriente, subestimado,
debajo de todo siempre hay un momento,
bajo la ausencia de crepúsculo,

under the beach's grittle and bone,
under the words, startle, startle,
under the luxury of the table
so whitely laid, under
the candle's light shaped
like a hanging blade, we tear
apart the body of the fish and leave
glistening ladders of bone.

bajo la piel y el hueso de la playa,
bajo las palabras, alerta, alerta,
bajo el lujo de una mesa
inmaculada, bajo
la luz de la vela con forma
de filo que pende, desgarramos
el cuerpo del pescado y dejamos
relucientes escalas de espina.

QUO VADIS?

... when you are old you will stretch out your hands,
and another will gird you and take you where you do not want to go.
JOHN 21:18-19

The woman with the invisible stigmata
sits day by day in the *gelateria* and wonders
why no one else can see what she cannot,

though she knows her hands are carved
with holes, knows they are a blessing,
a punctured prompt that says suffering

is more than cars sizzling past in the drizzle,
history more than layered sediment in stone,
the tomb of a talking crow and Simon Peter

running from his execution. *Quo vadis*? he asks
the risen Lord who passes. When the answer
is a return to Rome and a second crucifixion,

Peter turns back to find his own death upside down.
Such stories are not to be trusted, she thinks.
Who asks for such a thing? A string of pain to tie

QUO VADIS?

... cuando seas viejo extenderás tus manos,
y otro te ceñirá y te llevará adonde no quieres.
JUAN 21, 18-19

La mujer con el estigma invisible
se sienta día tras día en la *gelateria* y se pregunta
por qué nadie puede ver lo que ella no puede,

aunque ella sabe que sus manos están talladas
con agujeros, sabe que son una bendición,
un nota perforada que dice que sufrir

es más que un siseo de coches bajo la llovizna,
la historia más que el sedimento en capas de la piedra,
la tumba de un cuervo parlante y Simón Pedro

huyendo de su ejecución. *Quo vadis?*, le pregunta
al Señor resucitado a su paso. Aunque la respuesta
es la vuelta a Roma y una segunda crucifixión,

Pedro vuelve para hallar su propia muerte boca abajo.
Historias así no son creíbles, piensa ella.
¿Quién preguntaría algo así? Un lazo de dolor para

your eyes to. Eye your ties to, says the crow.
The rain keeps coming and the city has gone quiet.
The woman with the invisible stigmata hears

the crow call her name. She palms napkins stained
with flames of *mora e cioccolato* as men in black
waiting out the storm beneath the awning

pass their flat wit back and forth like cigarettes.
Children heave themselves into the rain.
A bouquet of umbrellas blossoms from their hands.

for Tony & Penelope

anudar tus ojos. Observa tus vínculos, dice el cuervo.
La lluvia sigue cayendo y la ciudad queda en silencio.
La mujer con el estigma invisible oye

al cuervo llamarla por su nombre. Aplasta servilletas manchadas
con llamas de *mora e cioccolato* mientras hombres de negro
esperan a que pase la tormenta bajo el toldo

pasándose chistes malos como cigarrillos.
Los chicos corren hacia la lluvia.
Un ramo de sombrillas florece de sus manos.

para Tony y Penélope

EL SEÑOR DE LOS TEMBLORES

That Christ is dark from candle black
comes as no surprise. The perfection

of his crucifixion carved into the whorls
and loops and ridges of his cross

paints the fingerprints of God on the wood
and electric votives turn a burned light

upon his dormancy. Even the crimson wig
of *ñucchu* flowers he wears—odd, fuschia curls

on the sagging head—hardly shocks;
such artifice unfolds throughout

this cathedral, miraculous anthill of gilt
and carving. In 1650, the Inca

still hiding in the towering green canyons,
He stopped the rolling pitch-pole earth

as the low arroyos shed their skins
and brimmed with sudden stone. The tremor

faded with the parade across the square,
el Señor held high above the quaking crowd

EL SEÑOR DE LOS TEMBLORES

Que Cristo esté teñido de negro humo de vela
no debe sorprendernos. Lo perfecto

de esta crucifixión tallada en las volutas
y bucles y aristas de su cruz

pinta las huellas de Dios en la madera
y los lampadarios eléctricos arrojan luz fundida

sobre su letargo. Ni la peluca carmesí
de flores *ñucchu* –raros rizos fucsia

sobre la cabeza inclinada– impacta apenas;
el artificio se derrama sobre toda

esta catedral, milagroso hormiguero de culpa
y tallado. En 1650, con el Inca

aún oculto en los enormes cañones verdes,
Él detuvo el balanceo encrestado de la tierra

mientras los arroyos poco caudalosos mudaban la piel
rebosando de súbita roca. El temblor

cesó con la procesión en la plaza,
el Señor alzado por encima del gentío estremecido

as banners of cloud assembled in glory
on the ridgelines. The spectacle

that calmed the earth, his hatchet face and
black plaited beard, the terrible need

of the gathering crowd: all this conspires
towards belief. That's what the painting

sharing the sacristy argues for; *el dios*
herido strokes the roaring earth with clouds,

beds it back down in blankets of sun.
Celebration rises up like a chorus of doves

from the crowd assembled in the square.
Easy to say that such faith is nothing

more than timing (the holy fathers offering up
their statuary in a fluke, the lofty trifecta

behind the altar glowing with the candelabra
of coincidence) but that would be to ignore

the river that flipped its banks and emptied
an agave field colonized by rats. That would be

y nubes como estandartes se agruparon gloriosas
sobre las colinas. El espectáculo

que calmó la tierra, su rostro afilado y
la barba negra trenzada, la terrible necesidad

de la multitud reunida: todo conspira
en favor de la fe. Eso es lo que la pintura

que comparte la sacristía defiende; *el dios*
herido golpea la rugiente tierra con nubes,

la arrulla de nuevo bajo mantas de sol.
La celebración se eleva como un coro de palomas

de entre la multitud reunida en la plaza.
Es fácil decir que toda esa creencia no es más

que casualidad (los santos padres que ofrecen
una estatuaria de chiripa, la elevada trifecta

tras el altar que resplandece con candelabros
de coincidencia), pero eso sería ignorar

el río que varió su cauce y vació
un campo de agave colonizado por las ratas. Sería

to ignore the walls topped with *San Pedro* cactus
that collapsed in on a farmer and his wife as each prayed

for the death of the other, adobe bricks returning, *como*
toda la carne, to the earth from which they were made.

Cuzco, Peru

ignorar los muros ornados con cactus de San Pedro
que cayeron sobre un granjero y su esposa mientras ambos rezaban

por la muerte del otro, los ladrillos de adobe volvieron, *como*
toda la carne, a la tierra de la que estaban hechos.

Cuzco, Perú

LANDSCAPE WITH PIGEONS AND THE TREE OF HEAVEN

When the sun skates behind the spire of the cathedral,
When that shadow paints a finger across the square where
the flower vendor with daffodils in buckets sits
in the new dark beneath the awning of the bank,
When the cars pause and the human traffic spills and gathers
as oil above flame's blue petals buoying the black edges
of a sauté pan,
When a woman passes flashing the sudden springtime
of her thighs beneath kick pleats and piping,
When the world seems elegant and wet with promise,
a corona of fire painted around the spire
and tombstone arches of light from the bell tower
paved into the square,
And, equally, when the sentimental gloss of sunlight is called
into question by its absence,
When newspapers menace the fence as construction rumbles
tectonically beyond the black-plastic sheeting,
And the grimy mitts of feral pigeons (*Columba livia*) chortle
and bob their puffed, oiled iridescence beneath
the ailanthus, chased by children with handfuls of corn,
I am reminded that in Chinese the ailanthus is the Tree
of Heaven and pigeons are called the *clumsy bird*,
relative of the dodo and other flightless doves
extinct on islands across the Pacific,
I am reminded that the birds are symbol, the spirit in flames
descending on the head of Christ, counterpart

PAISAJE CON PALOMAS Y ÁRBOL DEL CIELO

Cuando el sol patina tras la aguja de la catedral,
cuando esa sombra pinta un dedo a través de la plaza donde
la florista con baldes de narcisos se sienta
bajo la nueva sombra tras el toldo del banco,
cuando los coches paran y el tráfico humano se vierte y concentra
como el aceite sobre los pétalos azules de la llama que baliza el
negro borde de una sartén,
cuando una mujer pasa exhibiendo la súbita primavera
de sus muslos bajo el revuelo de pliegues y cenefas,
cuando el mundo parece elegante y empapado de ilusión,
una corona de fuego pintada alrededor de la aguja
y los funerarios arcos de luz del campanario
empiedran la plaza,
de igual modo, cuando el sentimental brillo del sol se pone
en duda por su ausencia,
cuando los periódicos amenazan la valla y su estructura retumba
tectónica bajo el laminado de negro plástico,
y las sucias zarpas de las palomas bravías (*Columba livia*) arrullan
y contonean su henchida, grasienta iridiscencia bajo
el ailanto, perseguidas por niños con puñados de maíz,
recuerdo que en chino el ailanto es el árbol
del cielo y a las palomas se las llama *pájaros bobos,*
parientes del dodo y otras aves no voladoras
extintas en las islas del Pacífico,
recuerdo que los pájaros son símbolo, el espíritu en llamas
que desciende sobre la cabeza de Cristo, trasunto

to the water of desire John drizzled upon his head,
I am reminded, too, that lovers should refrain from their consumption
(said Martial, *Who would be lusty should not eat this bird*)
And that when Christ finally drove the traders from the temple,
pigeons rose off the tables and swept the sky clean
with their wings.

del agua del deseo que Juan vertió sobre su cabeza,
recuerdo también que los amantes han de evitar su consumo
(dijo Marcial: *el lujurioso, que no coma de esta ave*)
y que, por último, cuando Cristo arrojó a los mercaderes del templo,
las palomas echaron a volar dejando atrás las mesas y el cielo impoluto
con su aleteo.

LANDSCAPE WITH FOOTNOTES

1. A species of Amazonian bee that makes a remarkable, cylindrical hive. If disturbed, the bees will attack by stripping every hair from your body.
2. Bushmasters are the only snakes said to pursue people aggressively (although the fer-de-lance's venom is so powerful it once killed a woman tending the snakebite her husband had received).
3. Basilisks, or Jesus Christ Lizards, have large hind feet with flaps of skin between each toe. They move quickly across streams, aided by their web-like feet, which gives them the appearance of "walking on water."
4. *Dios te dé!* The Spanish for the toucan's call translates, "God keep you!"
5. The hoatzin is an ancient bird, an avian coelacanth; its young still possess claws on their wings.
6. Studies have shown that men are more content when the hierarchy between them and their compatriots is clear and well-established, even if they hold a low position in the hierarchy.

PAISAJE CON NOTAS AL PIE

1. Una especie de abeja amazónica que fabrica una peculiar colmena cilíndrica. Estas abejas, si se las molesta, atacan arrancando todos los pelos del cuerpo.
2. La matabuey es la única serpiente de la que se dice que persigue al hombre de forma agresiva (aunque el veneno de la fer-de-lance es tan potente que una vez mató a una mujer que curaba la mordedura de serpiente que había sufrido su marido).
3. Los basiliscos, o lagartos de Jesucristo, tienen grandes patas traseras con aletas de piel entre dedo y dedo. Con ayuda de sus patas en forma de red se mueven con rapidez por los arroyos, lo que hace que parezca que caminan sobre el agua.
4. *¡Dios te dé!* Traducción al español del reclamo del tucán.
5. El hoacín es un pájaro ancestral, un celacanto aviar; su cría incluso conserva garras en las alas.
6. Hay estudios que demuestran que el hombre es más feliz cuando la jerarquía entre él y sus compatriotas es clara y está bien definida, incluso si éste ocupa un lugar bajo en dicha jerarquía.

7. The bright crimson chest of the Resplendent Quetzal is a result, the story goes, of their empathy. After a battle between the Mayans and the Spanish conquistadors, Quetzals descended onto the battlefield and wept over the bodies of the dead Mayan soldiers. Their chests carry the color of the soldier's blood in remembrance.
8. Chambria palms carry seeds that are often infested with large, meaty grubs that taste like condensed milk.
9. The stilt palm, also called the walking palm, is said to walk to water during drought using its long skirt of roots.
10. The exact lines from Bishop:

    islands spawning islands,
    like frogs' eggs turning into polliwogs
    of islands, knowing that I had to live
    on each and every one, eventually,
    for ages, registering their flora,
    their fauna, their geography.

11. *Retama amarillo*, or "Spanish Broom," fills the *Valle Sagrado de Urubamba* that leads from Cuzco down to Machu Picchu and ultimately into the Amazon basin. Likewise, *el Rio Urubamba* connects the two halves of this story as we climb from the rainforest into the Andes.
12. *Los Incas* drank mainly *chicha* made from a fermentation of masticated corn. Only women chewed the corn. Legend has it that the prettier the girl, the better tasting the *chicha.*
13. The Yagua Indians paint their faces with the crushed seeds of the achiote—smeared on the skin it turns the color of oily paprika.
14. Inca is a dual-use term—referring to both the people and their leader, *the Inca.*

7. El brillante pecho carmesí del quetzal es resultado, dice la historia, de su empatía. Tras una batalla entre los mayas y los conquistadores españoles, los quetzales descendieron hasta el campo de batalla y lloraron sobre los cuerpos de los soldados mayas muertos. En recuerdo, sus pechos llevan el color de la sangre de los soldados.
8. La palma de Cambria contiene semillas a menudo infestadas de enormes larvas carnosas que saben a leche condensada.
9. De la palma de zancos, también llamada palmera caminante, se dice que camina hacia el agua durante la sequía usando su largo faldón de raíces.
10. Así dicen los versos de Bishop:

    islas engendrando islas,
    como huevos de rana haciéndose renacuajos
    de islas, asumiendo que tendría que vivir
    en todas y cada una de ellas, en algún momento,
    por siglos y siglos, clasificando su flora,
    su fauna, su geografía.

11. La retama amarilla, o «Spanish Broom» («escoba española»), domina el Valle Sagrado de Urubamba que conduce desde Cuzco hasta Machu Picchu y, por último, hacia la cuenca del Amazonas. Del mismo modo, el río Urubamba une las dos mitades de esta historia mientras escalamos desde la selva tropical hacia los Andes.
12. La bebida favorita de los incas era la chicha, elaborada a partir de la fermentación de maíz masticado. Sólo las mujeres podían masticar el maíz. Dice la leyenda que cuanto más guapa la mujer, mejor sabe la chicha.
13. Los indios yagua se pintan el rostro con las semillas machacadas de achiote, que aplicadas sobre la piel se vuelven del color del pimentón graso.
14. Inca es un término dual: se refiere a la vez al pueblo y a su líder, el Inca.

15. Before Pizarro imprisoned the Inca, Atahualpa, they dined together often. Once when Atahualpa dropped some food on his clothing, he immediately got up to change. Pedro Pizarro (Francisco's cousin) asked him what the material was. "The finest hair of vampire bats," was the answer.

"Where do you get so many?" Pizarro asked.

"What else do those dogs of Tumbey and Puerto Viejo have to do," Atahualpa replied, "but capture such animals as to make clothes for me?"

These clothes, like all the Inca's, were worn only once, then destroyed yearly in a special ceremony.

Pizarro eventually had Atahualpa garroted and burned.

Pizarro was killed himself in 1541, by Spaniards with whom he had conquered Peru and then betrayed.

Church documents from the verification process for the remains of St. Toribio in 1661 note a wooden box inside of which was a lead box inscribed in Spanish: *Here is the skull of the Marquis Don Francisco Pizarro who discovered and won Peru and placed it under the crown of Castile.*

15. Antes de que Pizarro encarcelara al Inca Atahualpa, solían comer juntos. Una vez cayó comida sobre el ropaje de Atahualpa y éste, de inmediato, corrió a cambiarse. Pedro Pizarro (el primo de Francisco) le preguntó de qué material era. «Del más fino pelo de murciélago vampiro» fue la respuesta.

–¿Dónde conseguís tantos? –preguntó Pizarro.

–¿Qué otra cosa han de hacer los perros de Tumbey y Puerto Viejo –respondió Atahualpa–, sino cazar estos bichos para hacer mi ropa?

Estas ropas, como todas las demás, el Inca las llevaba puestas sólo una vez, y después se destruían en una ceremonia especial celebrada anualmente.

Atahualpa fue sentenciado a garrote vil y quemado por orden de Pizarro.

Pizarro fue asesinado en 1541 por los españoles con los que había conquistado Perú, y a los que luego había traicionado.

Documentos de la Iglesia del proceso de verificación de los restos de San Toribio en 1661 dan cuenta de una caja de madera dentro de la cual había una caja de plomo donde está inscrito en español: *Aquí yace la cabeza del marqués don Francisco Pizarro que descubrió y ganó el Perú y lo puso bajo la corona de Castilla.*

LANDSCAPE WITH FIG TREES AND STRANGULATION

The streets of Beverly Hills colonnade
with ficus, smoothed-flanked, silver-barked allées

patched with black in the drizzle
of a wet January, but the strangler fig

arrives as shit in the cloud forest canopy
where a groove-billed ani spatters the bark

of an almond with its salt-and-pepper plaster.
Like *Philodendron panduraeforme,*

that horse-headed houseplant, it kicks out
aerial roots and lives on sunlight and dust,

the afternoon rain. Skin thin the roots drop.
Grimed with moss by the time they hit the floor

(double-helixed monkey ladders), they balloon
and round and ring; they shutter the almond

in buttresses of arch and wing. The fig
strangles the rotted, pipe-hollow parent.

In Spanish it's *el matapalo,* the killing tree—
its leaves hang on long petioles,

PAISAJE CON HIGUERAS Y ESTRANGULACIÓN

Calles de Beverley Hills porticadas
de ficus, paseos de suave contorno y bordes plateados

manchados de negro en la llovizna
de un húmedo enero, pero la estranguladora higuera

llega como mierda entre la fronda de la selva nubosa
donde un pijuy salpica la corteza

de un almendro con su escayola de sal y pimienta.
Como la *Philodendron panduraeforme*,

esa planta ornamental de cabeza equina echa
raíces aéreas y vive de sol y polvo,

de lluvia vespertina. Finas como la piel, las raíces caen.
Sucias de musgo cuando golpean el suelo

(doble hélice escalera de mono), se inflan,
se curvan y anudan; apresan el almendro

en contrafuertes de arco y ala. La higuera
asfixia la planta madre, podrida y hueca como un tubo.

En castellano se le llama matapalo, árbol que mata:
sus hojas cuelgan de largos pecíolos,

tincture of which both causes and cures
hemorrhage. It's Adam and Eve's tree

in the Garden of Eden,
source and cover for their shame,

and the bodhi where the Buddha
rested in the shade and was surprised

by nirvana in the washed-out sky.
The turning ellipticals of its leaves

sweep down in a wreckage of his past lives—
the son that he abandoned, the wife he left wet

in bed *(how bitter and sweet the two-toned flute of eros,*
how hollow at the core)—that sacred tree now decked

with oranges and wishes in a corral outside of Bodh Gaya.

cuya tintura es la causa y el remedio
de la hemorragia. Es el árbol de Adán y Eva

en el Jardín del Edén,
raíz y velo de su vergüenza,

y el bodhi bajo cuya sombra
Buda se detuvo a descansar cuando lo sorprendió

el nirvana bajo un cielo desteñido.
Las espirales elípticas de sus hojas

descienden sobre el naufragio de sus vidas pasadas:
el hijo que dejó atrás, la esposa que dejó húmeda

en el lecho (*cuán agrias y dulces las flautas bitonales de Eros,*
cuán huecas de corazón), ese árbol sagrado ahora ornado

de naranjas y deseo en un corral fuera de Bodh Gaya.

CORCOVADO

Pelicans drop in tight as the waves pile up,
wingtips turned down to ride the swell

of air each wave pushes before it as it rises—
wingtips grazing water—rainforest hot

and raucous with the chatter of scarlet macaws
in the wild almond, and we walked the long thread

of sand out from camp, your eyes like the promise
of the wind taking the edge off the day's heat

and your skin iridescent in the light pitched
off the water, waves foaming beneath the moon

and slamming into the sand. Roar and then
the sudden silence. We walked and watched

the aureole of the moon smolder through clouds,
palm fronds snapping in the wind, we walked

with what is unspoken filling in our steps,
and in every gesture I saw you riding my hips,

clothes in a hoop around us, your small breasts,
your head back to the star-flowered sky.

CORCOVADO

Los pelícanos vuelan raso al crecer del oleaje,
la punta de las alas hacia abajo para cabalgar el aire

que cada ola les lanza al elevarse;
las puntas de sus alas rozan el agua; calientes de selva

y roncas con la charla de los guacamayos rojos
en almendros silvestres, y nos alejamos del campamento por

el largo banco de arena, tus ojos como la promesa
del viento suavizando el calor del día

y tu piel iridiscente bajo la luz que el agua
despide, olas que espuman bajo la luna

y golpean la arena. Un rugido y luego,
de repente, silencio. Caminamos y vimos

la aureola de la luna arder entre nubes,
palmeras que crujen al viento, caminamos

con lo inefable pisándonos los talones,
y en cada gesto te veía sobre mis caderas,

la ropa tirada alrededor, tus pechos pequeños,
la cabeza vuelta hacia un cielo esmaltado de estrellas.

Beauty's a theater of risk: heliconia flowers dangle
like orange rungs in the banana-leaved understory

and gesture to the hummingbirds whose throats flash
to catch the eye in the welter of the underbrush

where the ardor of the flowers—I have to touch myself
as I write this, pleasure rising like surf, the urge and thrust

of it heaping up and over and crashing onto the sand—
perfectly disguises the saffron coil of an eyelash viper.

La belleza es un escenario peligroso: las heliconias penden
como escalas naranja en el sotobosque de hojas de plátano

y atraen a colibríes cuyas gargantas destelleantes
resaltan en el revoltijo de matojos,

donde el ardor de las flores –tengo que acariciarme
mientras escribo esto, el placer sube como espuma, su pulso y fuerza

crecen y se desbordan, derramándose sobre la arena–
disfraza a la perfección el rizo azafrán de una bocaracá.

LANDSCAPE WITH DRY FOREST AND JACK GILBERT

The hills above the veranda delight
in their dryness, their deprivation—
horse-poisonous *zarcilla* and the *guayacán*

roots roping limestone, sweet purple
fruits of the well-named dildo cactus
and the melon, thick phallus of thorn.

The scald of the noon sun and grackles
up the agave thickets. Every now
and again the scent of something dead

on the wind. Jack Gilbert whispers to me,
Deprivation is cultivation and the pounding
sun. That lunar ruin's a wealth unsurprises,

but in the red-veined shade of the sea grape,
your breasts are bare and white as night
flowers and you look at me with the hunger

of mistletoe reaching roots into drybark oak—
desire's delicacy and poison. Bullfinches
store scarcity in old cactus stems, and

PAISAJE CON BOSQUE SECO Y JACK GILBERT

Las colinas sobre la galería deleitan
por su aridez, por su privación;
la para los caballos letal zarcilla y las raíces

de guayacán se amarran a la caliza, los dulces frutos
lila del bien llamado cactus consolador
y el melón, grueso falo de espinas.

El ardor del sol de mediodía y los zanates
sobre matorrales de agave. De vez
en cuando, el olor de algo muerto

en la brisa. Jack Gilbert me susurra:
La privación es el cultivo y el sofocante
sol. Que esa ruina lunar sea riqueza no sorprende,

aunque en la sombra estriada de rojo de la uva de playa,
tus pechos al aire son blancos como flores
nocturnas y me miras con el hambre

del muérdago que arraiga en la corteza seca del roble:
manjar y veneno del deseo. El camachuelo
almacena escasez en los tallos de un viejo cactus, y

the day becomes lavish with wind that wanders
into the sea-blight and emerges in a gust
of grasshoppers. Jack Gilbert crawls around

on the floor, searching for his wife's hair,
as the leaves of the *campeche* straighten
and rise in the heat that comes and comes on.

el día se colma de un viento que se adentra
entre los almajos y emerge en una ráfaga
de saltamontes. Jack Gilbert gatea en círculos

por el suelo, buscando el pelo de su esposa,
mientras las hojas del campeche se abren
y se elevan bajo el calor que viene y se nos echa encima.

IV

IV

BLIND DESIRE

1.

The *O* as in an open door, the *I will be there.*
Vanity, vanity. The circling around,
as in absence (in Latin it's *from the stars).*

A feathered harp of winter sumac strummed
by water along the flooded river. A walkway
damp with fog, stairs that climb until they vanish.

Roads bustle with absent traffic, the mutter of all
conversations that have yet to happen, two
bodies cinched together at the gluttonous mouth.

2.

Two bodies woven into a twisted
biography of trees. Creepers and trunks,
the sudden canary fire of forsythia

blazing up hillsides. The birdhouse stuffed
with wire, mud, and grass. The whinny
of the robins above the whiskey-

DESEO CIEGO

1.

La *O* como en una puerta abierta, el *allí estaré.*
Vanidad, vanidad. El girar en círculos,
como ausentes (en latín, *de las estrellas*).

Un arpa emplumada de invernal zumaque que el agua
rasguea a lo largo del río desbordado. Un camino
empapado de niebla, escalas que suben hasta evaporarse.

Carreteras que bullen de tráfico ausente, el murmullo de todas
las charlas que no han tenido lugar, dos
cuerpos pegados uno al otro por la glotona boca.

2.

Dos cuerpos enlazados en una intrincada
biografía arbórea. Troncos y enredaderas,
el súbito fuego amarillo de la forsitia

que arrasa las laderas. La pajarera llena
de cable, barro y yerba. El relincho
de los zorzales robín sobre el mantillo

scented mulch. The landscape collapses
into limbs. Spring leaves lie down,
small hands stroking the grass.

3.

Summer's leafy design dismantled
by a week's chill rain to a damp thatch
beneath the trees. She has vanished

up the stairs to sleep as the house creaks
in the cold stink of the wind—waiting
for the snow to come, waiting for its gargantuan

quiet to fall upon my life. The tv buzzing
technicolor: beer bottles, dead soldiers,
the found poem of the silver moon.

4.

A winter moon hung in the daylight sky.
The back cove. Three miles in twenty minutes,
breath like the body itself frothing out before me.

con aroma a *whisky*. El paisaje se desploma
en ramas. Las hojas nuevas por el suelo,
las manitas que acarician el césped.

3.

El frondoso dibujo del verano reducido
por una semana de lluvia fría a húmedo bálago
bajo los árboles. Ella ha desaparecido

escaleras arriba para irse a dormir mientras la casa cruje
bajo el frío tufo del viento; esperando
que llegue la nieve, esperando que su colosal

silencio caiga sobre mi vida. La tele zumba
en tecnicolor: botellas de cerveza, soldados caídos,
el poema hallado de la luna de plata.

4.

Una luna invernal pende en el cielo del día.
La cala escondida. Tres millas en veinte minutos,
parece al respirar que el cuerpo se me hace espuma ante mis ojos.

The tide pulls out and a bright wind blows in-
land, a scum of ice cauliflowered in the water.
Black backs and eider ducks rock in rafts

upon the water. The sun wets the limestone
on the path it touches and my love lies and lies
in a corridor of firelight stroking her hair.

5.

Her hair, the cleft of his mouth,
the arc of her breast, stiff tension
in the loins—two bodies

working together in the moon-
striped dark. The traffic that passes
paints a strange geometry

across the ceiling, their eyes closed
to the light of such terrible pleasure.
Pleasure. Then the falling away.

La marea se retira y un viento vivo sopla tierra
adentro, escoria de hielo colifloreada en el agua.
Negros lomos y eiders mecidos como balsas

sobre el agua. El sol moja la piedra caliza
sobre el sendero que toca y mi amor yace y yace
en un pasillo de lumbre atusándose el pelo.

5.

Su pelo, la boca entreabierta de él,
el arco del pecho de ella, la rigidez
en las entrañas; dos cuerpos

que colaboran en la oscuridad
rayada de luna. El tráfico que pasa
traza una extraña geometría

en el techo, los ojos cerrados
a la luz de tan terrible placer.
El placer. Después, la caída.

6.

Fog on the river falling away, the spillway
smoothed over. Blue tarps tent the bank.
Empty dock pilings spike the water where

the flood ripped boats from their cleats
and the planks from their pilings.
The river sediments a stratum of loss

along the bank, plastic like raffia plaited
through the trees. All the world in flux:
the heart a hatbox full of eels.

7.

Fairy houses of stick and bark, hatbox
and four-square, toy-subdivision
frosted nacreous with mussel shells.

Death-head juniper berries, tiny geography
of hope blocked out across a pine-streaked
half acre. Alone on the scraped granite

shore—she's gone. The wind-sculpted
spruce and black oak semaphore offshore.
The cold ocean, the sculpted world.

6.

La niebla se desvanece sobre el río, el vertedero
allanado. Lonas azules cubren la orilla.
Pilotes sin muelle apuñalan el agua donde

la corriente arrancaba barcas de los noráis
y tablas de los pilotes.
El río sedimenta un estrato de ausencia

por toda la orilla, plástico como rafia trenzada
a los árboles. El mundo en tránsito:
el corazón, una sombrerera llena de anguilas.

7.

Casitas de hadas de ramas y corteza, sombrerera
y cuatro-esquinas, subdivisión de juguete
esmerilado con nácar de conchas de mejillón.

Bayas de enebro calavera, diminuta geografía
de esperanza separada por medio acre
rayado de pinos. A solas en la orilla

de granito raspado; ella se ha ido. El abeto esculpido
por el viento y el roble negro envían señales mar adentro.
El frío océano, el mundo esculpido.

8.

A sculpture of gulls on the tarmac, heads
pinned against the wind, the cold light
gray as the cloudcover that drapes

the russet hills. Spring begins
in the smallest argument of green. Desire
follows and what it feeds on, flush as the water

over the spillway, the foursquare skeleton
of the steelworks rust-blasted below
the overpass and the sky, battered open.

9.

The sky as red as rose-tinged flesh,
like sex-flushed skin, the chestnut broken
beneath my boot. The lilac thrums

with hummingbirds blazing into flight,
a hillside orchard of inedible apples.
Dawn-blushed peaches rot on the ground.

Dusk lights up the hills along the river,
clouds lit like snowcover above. Laughter
from the open mouths of other people's houses.

8.

Una escultura de gaviotas sobre el asfalto, cabezas
ancladas al viento, la fría luz
gris como el manto de nubes que arropa

las ocres colinas. La primavera salta
al menor alegato del verde. El deseo
la sigue y es su alimento, descarga como el agua

sobre el aliviadero, el contundente esqueleto
de la acería corroída de óxido bajo
el paso elevado y el cielo abierto a golpes.

9.

El cielo tan rojo como carne rosicler,
como piel ruborizada de sexo, la castaña quebrada
bajo mi bota. La lila vibra

de colibríes que arden en vuelo,
un huerto de manzanas incomibles en la colina.
Melocotones rojos al alba se pudren en el suelo.

El crepúsculo ilumina las colinas a lo largo del río,
las nubes se encienden como cumbre nevada. La risa
de las bocas abiertas de las casas ajenas.

10.

The mouths of the blooming
trees, a warm wind comes down,
the brown earth rapt with petals,

thin skin of henna. Rain avenues
down from the asphalt sky, glitters
like galaxies in the grass.

Beware, Josephine, wrote Napoleon,
beware. One fine night the door
will be broken down and I will be there.

10.

Las bocas de los árboles
en flor, un viento cálido desciende,
la tierra marrón absorta en pétalos,

fina piel de alheña. Avenidas de lluvia
bajan del cielo de asfalto, brillan
como galaxias en la hierba.

Cuidado, Josefina, escribió Napoleón,
cuidado. Una noche de éstas
caerán las puertas y allí estaré.

V

V

ARS POETICA WITH PAIN

In this one, Yosemite Sam gets hung. Bugs digs
his way into the prison yard after he missed

that mythical left at Albuquerque and soon Sam's big hat flaps
in the wind, his knee-high, shitkickers jerking in midair.

It's not Eurydice stumbling into ecstasy up the moss-
tumbled steps, Orpheus erect before her;

it's not Bugs smacking carrots as the fade circles down
around him and the cursive loops across the screen—

craft and the hero victorious in the common tongue.
All the strange grammars of success yield

the elastic cat who balloons back to wholeness
after being smacked with the frying pan,

or the duck that slips his bill back across his jaw
after eating a load of buckshot. Never the scene

when Elmer Fudd blotches his crotch with piss
when Bugs readies to take his kneecaps

with his own shotgun. In this one, Eurydice
chews on a worm of pain that sounds like *farewell*

ARS POETICA CON DOLOR

En éste cuelgan a Sam Bigotes. Bugs excava
su camino hasta el patio de la prisión tras pasarse

el legendario desvío en Albuquerque y pronto el gran sombrero de Sam aletea
al viento, sus botas camperas hasta la rodilla agitándose en el aire.

No se trata de Eurídice que tropieza en éxtasis
sobre el moho de escalones resbaladizos, Orfeo erguido frente a ella;

ni es Bugs mascando zanahorias mientras el fundido se rodea de círculos
y bucles en cursiva por toda la pantalla;

arte y héroe victorioso del idioma común.
Todas las extrañas gramáticas del éxito crean

el gato elástico que se infla hasta volver a su forma
tras ser aplastado con la sartén,

o el pato que se coloca el pico en la mandíbula
tras tragarse una carga de perdigones. Nunca el episodio

en que Elmer mancha de pipí su entrepierna
cuando Bugs le apunta a las rótulas

con su escopeta. En éste, Eurídice
mastica un gusano de angustia que suena como una *despedida*

to Orpheus, untuned to the choral music of Hell
and Orpheus' head, cast aside, floats forever singing.

In this one, the Thracian women toss the broken lyre,
mangled as a smashed racket, into the fire and smile

as smoke ropes up around their throats
and the strings hiss and curl into ampersands.

a Orfeo, desentonado con la música coral del infierno
y la cabeza de Orfeo, a un lado, flota cantando por siempre.

En éste, las mujeres de Tracia arrojan la lira rota,
deforme como una raqueta aplastada, al fuego, y sonríen

mientras el humo se enrosca alrededor de sus gargantas
y las cuerdas sisean y se curvan en un ocho.

STALIN ON STAGE

The angelic gilt of the ceiling lit
with stage-light imitation, fractured
surf of the goldleaf pouring across
the proscenium, the aging rafters,
the crowd speckled with reflection:
all this brings us to Stalin.
Stalin on stage. To the moment
when he has just finished speaking
and the audience rises in unison
to collapse the air with their applause.
Minutes pass and no one will stop,
the very air threatened by the noise,
until one general, veteran of wars
and Tannenberg, an armada
of ribbons blockading the deep Baltic
of his uniform, drops his hands and sits.
We know the history so we know
the story now, before it's given.
How he is rousted and pummeled
at dawn and the trees in a cold grove
gather round him as the rifles rise.
Never be the first to stop applauding Stalin,
he is told, before the guns' ovation
rises up into the glacial sky, birdcall

STALIN EN ESCENA

El angélico dorado de la luz cenital
que imita la luz de escenario, fracturadas
ondas de pan de oro que supura por todo
el proscenio, las vigas envejecidas,
la multitud moteada por los reflejos:
todo esto nos devuelve a Stalin.
Stalin en escena. En el momento
que deja de hablar
y el público se alza al unísono
y quiebra el aire con aplausos.
Los minutos pasan y nadie se detiene,
al aire mismo le intimida el ruido,
hasta que un general, veterano de guerra
y de Tannenberg, una flota
de condecoraciones bloquea el oscuro Báltico
de su uniforme, deja caer sus manos y se sienta.
Conocemos la Historia, así que ya sabemos
la historia antes de que nos la cuenten.
Cómo será arrestado y golpeado
al alba y los árboles del frío boscaje
se reunirán en torno a él mientras se alzan los fusiles.
Nunca seas el primero en dejar de aplaudir a Stalin,
se le ordenará, antes de que la ovación de tiros
se eleve hacia el cielo glacial, el canto de los pájaros

returning after a brief silence. This
is wrong, as I return to the source
to reread the history, the general just
an owner, his paper factory offering up
the forms that will be filled out to detail
the reams of his misfortune. He wasn't
killed, wasn't turned out into the morning
trees and introduced to the tiny mouths
of twenty weapons. He was given ten
years in the gulag, ten years at labor
in the flesh-splitting cold, ten years
in the joy of short sunlight. *Ten years.*
Does that make it better or worse?

On his release, his daughter's there
to collect him, and they hobble into
the flat March light, holding on to
each other in the Riga station.
The train pulls at them as it leaves,
the sound of its wheels on the ties
at the crossing like men beating a horse
with boards. The train that once
carried the poem's moral center
vanishes into a cold drizzle that falls
on their necks, gilds their hair with dew
the hue of piss, almost the color

que volverá tras un breve silencio. O tal vez
no sea así, y haya que acudir a las fuentes
para releer la historia, y el general sólo
era un burgués, su fábrica de papel era la que proveía
los formularios que serían cumplimentados con el relato
al detalle de su infortunio. No fue
asesinado, no lo llevaron a los árboles
de la mañana ni fue puesto frente a las diminutas bocas
de veinte armas de fuego. Fue condenado a diez
años en el gulag, diez años de trabajos forzados
bajo un frío que corta el aliento, diez años
con el placer de la breve luz solar. *Diez años*.
¿Eso mejora la historia o la empeora?

Cuando lo liberan, su hija está ahí
para recogerlo, y a duras penas se adentran
en la plana luz de marzo, apoyándose uno
contra el otro en la estación de Riga.
El tren los empuja al ponerse en marcha,
las ruedas sobre las traviesas en el cruce
suenan como hombres golpeando un caballo
con tablas. El tren que una vez
transportó el centro moral del poema
se esfuma bajo una fría llovizna que les cae
sobre el cuello, les dora el pelo a ambos con un rocío
de la tonalidad del pipí, casi del color

of the wash of gold above Stalin,
who remains, of course, up on stage
beneath the clarion lights and seraphs,
his face bright as paper, drenched
in the warmth of the applause
that somehow never dies.

del baño de oro sobre Stalin,
que sigue, por supuesto, arriba en el escenario
bajo las luces fulgurantes y los serafines,
su rostro brilla como papel, anegado
en el calor del aplauso
que de algún modo nunca muere.

BEFORE TRINITY

a conflagration that would overturn
the palace of the sky
OVID

In white sands anchored by sage
and ocotillo, a cactus wren,

its small black eye a small black world
burning, alights and doesn't know its life

counts only minutes now before it turns
to a puff a jellied fire. The woman

navigating the canyons beyond *Ojo Caliente*,
headlights draped across the pendular hills,

kids slapped across the backseat,
senses none of this as static overtakes her radio

and her horn-rims reflect a tiny brightness
past the horizon. She's been driving all night,

the silver silo of coffee thrust between her thighs.
She doesn't know safety's a matter of the odds

ANTES DE LA TRINIDAD

una conflagración que destruiría
el palacio celestial.
OVIDIO

En blancas arenas ancladas por salvia
y ocotillo, una matraca del desierto,

su ojillo negro un pequeño mundo negro
en llamas, se posa y no sabe que su vida

es cuestión de minutos antes de volverse
de repente fuego gelificado. La mujer

que navega los cañones más allá de Ojo Caliente,
faros que cubren las colinas pendulares,

niños tirados en el asiento trasero,
no presiente nada de esto mientras una interferencia ocupa su radio

y sus gafas de concha reflejan una diminuta claridad
tras el horizonte. Lleva conduciendo toda la noche,

el silo plateado de un café alojado entre los muslos.
Ella no sabe que la seguridad es cuestión de suerte

now that the world's been made that much more
savage. In hours her children will wake

and stretch with stupid, sleep-filled mouths
and gape at the dry washes and sagey hillsides,

the land stunned with sunlight. The boys
will stagger off to piss in the clean dawn,

thin streams of gold wire tying them
to the earth, and they will barely feel

the small finery of ash that lands on
their eyelashes and dusts their faces like wings.

ahora que el mundo se ha convertido en algo mucho más
salvaje. En unas horas despertarán sus hijos,

se desperezarán con torpes bocas llenas de sueño,
boquiabiertos ante riachuelos secos y vetustas laderas,

el campo aturdido de sol. Los chicos
bajarán dando tumbos para orinar al alba clara,

finos arroyos de cable dorado que los atan
a la tierra, y apenas sentirán

el diminuto adorno del fresno que se posa sobre
sus pestañas y mancha sus rostros como alas.

AMAZON PARABLE

The bees that will strip every hair
from your head instead of swelling
your hands with a thatch of venom,

that will leave you bald and clean
and unstung, they are my subject
today. Whether this hive, cylindrical

and birchy, lie or not, the shape of threat
that hangs above the white river
south of Iquitos in the meandering fan

of the Tahuayo, whether this hive houses
such hazard can't matter. The story carries
its own weight, as does the ass that carried

Christ off the Mount of Olives,
its sweat-worked back, the rope-burn
that pinks its muzzle. It stands

beneath the awful sun as the pigeons
explode from the temple in a flaring
of white wings and slapping. But this

PARÁBOLA DEL AMAZONAS

Las abejas que te arrancan cada pelo
de la cabeza en vez de hincharte
las manos con pústulas de veneno,

que te dejan calvo y limpio
y sin rastro de picadura, son lo que hoy
me ocupa. Si esta colmena, cilíndrica

y apergaminada, cierta o no, amenazante silueta
que se cierne sobre el blanco río
al sur de Iquitos, en el serpenteante abanico

del Tahuayo, si esta colmena es
un peligro, no importa. La historia soporta
su propio peso, al igual que el asno que bajó

a Cristo del monte de los Olivos,
el lomo curtido con sudor, la marca de la cuerda
que irrita su hocico. Quieto

bajo el terrible sol, mientras las palomas
salen despedidas del templo en un estallido
de batientes alas blancas. Pero no quería

was never about the ass, really, or the fig tree
withered beneath the hand but the weight
the story carries—told in the boat as we

thrum upriver—the strange menace of power,
the shearing leaving you stripped
to flushed flesh beneath gaudy palms
ticking above, fanning you, blessing you.

hablar del asno, de la verdad ni de la higuera
seca bajo la mano, sino del peso
que soporta la historia –contada en una barca mientras

remontamos el río– la extraña amenaza del poder,
la esquila que te deja desnudo
y en carne viva bajo las estridentes palmeras
que hacen tictac, abanicándote, bendiciéndote.

L&SCAPE WITH CAUSE & EFFECT

Because in a box canyon below *Cerro*
de la Muerte, where *el Rio Savegre*
cuts through rolled boulders & plashes
clear as acrylic in plunge pools, where
hummingbirds slash & chip niches out
of hyacinth & orchid, small orchards,
the dry oak forest knotted & hung
with bromeliads, clouds & sky,

& because of the Talamanca range, abrupt
out of the Pacific, clouds lave the canyons,
the forests, the air verdant & chiming
with water from every pitched boulder
& tree ferns prehistoric in the under-
story. Because philodendron leaves
like slotted spoons skulk up buttressed
trunks in the canyons of the Resplendent
Quetzal, & because the male launches
from the crowns, circles in song & rockets

down, because Quetzal tail feathers
parse the moment of creation & the will
of the creator's sine-flight through the light-
sliced noon, emerald streamers gone gold,

PA&SAJE CON CAUSA & EFECTO

Porque la garganta bajo el Cerro
de la Muerte, donde el río Savegre
atraviesa rocas desgastadas & chapotea
claro como plástico en piscinas naturales, donde
los colibríes cortan & escavan nichos
en jacintos & orquídeas, pequeños huertos,
el seco bosque de roble anudado & adornado
de bromelias, nubes & cielo,

& porque la cordillera de Talamanca, que surge
abrupta del Pacífico, las nubes que lavan los cañones,
los bosques, el aire verde & repicando
el agua de cada sesgada roca
& prehistóricos helechos arbóreos en el soto-
bosque. Porque las hojas de filodendro
como cucharas ranuradas ocultan los apuntalados
troncos en los cañones del quetzal,
& porque el macho se arroja
desde las copas, gira en su canto & se lanza

como un cohete, porque las plumas de la cola del quetzal
descifran el momento de la creación & la voluntad
del senoidal-vuelo del creador a través de la tarde
hendida de luz, banderolas esmeralda que se vuelven de oro,

because of their crimson chests,
& because, *there,*
after ten years of trails staircased through
roots of brazilletto & oak, ten years of DEET
& sweat, stoic in the branches, the black
bead of his eye, *he's there,* & then because
two females retreat & twist through layers
of the cloud forest (his tail serpentine behind
him like a caduceus) the male follows.

por sus pechos carmesí,
                                        & porque, *allí,*
tras diez años de senderos escalonados a través
de las raíces del palo de Brasil & roble, diez años de DEET
& sudor, estoico en las ramas, la negra
cuenta de su ojo, *él está allí,* & aún porque
dos hembras se esconden & retuercen por las capas
del bosque nuboso (su cola serpentina tras
de él como un caduceo), el macho las sigue.

THE BLUE DOLPHIN

Oh, but it is dirty!
ELIZABETH BISHOP

Above the wrack line where the beach lips
up

and the wind has been working all day with
gulls

and clouds coming up out of the east,
their

trumpeting joy in the rowdy fields of
the sky,

the bloated body of a bottlenose
tossed

by the last tide
rots.

Eyes excavated from the humped head
and

odd hieroglyphics runneled
into

EL DELFÍN AZUL

¡Oh, pero si está sucio!
ELIZABETH BISHOP

Sobre la línea de algas donde la playa se hace
labios

y el viento ha trabajado todo el día con las
gaviotas

y las nubes que llegan desde el este,
su

bramante alegría en los ruidosos campos del
cielo,

el cuerpo hinchado de un delfín mular
arrojado

por la última marea
se pudre.

Ojos excavados en la gibada cabeza
y

extraños jeroglíficos acanalados
sobre

the blackening rubber body,
it's lost

any beauty it once laid claim to.
Still,

someone has painted the dolphin blue,
a cerulean

matched to the patch of sky that has
lingered

on the horizon since sunrise.
Someone

worked the nozzle over the body,
careful

to leave no sign of how what was done
was done.

When the Park Service truck cleans the
carcass

off the beach nothing remains, but
the wind

el ennegrecido cuerpo de caucho,
ha perdido

la belleza que una vez ostentara.
Aun así,

alguien ha pintado el delfín de azul
cerúleo,

a juego con el tramo de cielo
suspendido

en el horizonte desde el alba.
Alguien

puso de nuevo el hocico sobre el cuerpo,
con cuidado

para no dejar rastro de cómo se hizo
lo que se hizo.

Cuando el camión del Servicio de Parques se lleva el
cadáver

de la playa, nada queda sino
el viento

runs the sand and the black
wrack

of seaweed. Still someone took her
time,

someone loved this black sack of hide just
enough

to make a blue hole in the sand.

que mueve la arena y la negra
línea

de algas. Aun así alguien se tomó su
tiempo,

alguien que amaba este negro saco de piel lo
suficiente

como para hacer un agujero azul en la arena.

LANDSCAPE WITH ESCAPED OSTRICHES

1.

If, in Wisconsin, rounding the corner near Little Sand, a slice of lake
notched between stiletto pines, the grubby, swan-winged sacks

racing at the fence, the two-toed ridiculousness
of the ostriches doesn't drive you off the road into a suddenly
silent ditch—

their plucky stares as you approach the electric fence from the
unwrecked car,
dirty snowball bodies carried on legs all sinew and angle, spurs ready

to rip a cable of muscle from your thigh, the slouch of barns
behind them—when you are asked to describe this later

2.

over drinks in the knotty pine bar, northwoods kitsch nicking out
from every corner like stuffed wolverines,

flightless ratites, you can say, birds with flat breastbones lacking keels for
the muscles that power flight. (From the Latin *ratites,* marked with the
figure of a raft.)

PAISAJE CON AVESTRUCES EN FUGA

1.

Si, en Wisconsin, al girar la esquina cerca de Little Sand, una parte de lago
incrustada entre pinos de aguja, los mugrientos sacos con alas de cisne

que corren hacia la cerca, la ridiculez de dos dedos
de los avestruces, no te saca de repente del camino a una
 cuneta silenciosa

–las valientes miradas mientras te acercas a la valla eléctrica desde el
 coche intacto,
sucios cuerpos de bola de nieve sobre patas todo tendón y ángulo, espuelas listas

para arrancar un cable del músculo de tu pierna, el garabato de los graneros
tras ellos– cuando más tarde te piden que lo describas

2.

frente a una copa en la barra de pino, kitsch de los bosques del norte que asoma
detrás de cada esquina en forma de glotones disecados,

ratites no voladoras, podría decirse aves con esternones planos sin quilla para
los músculos que propician el vuelo. (Del latín *ratites,* marcada con la
 figura de una balsa).

[Under **raft**, *n*, see no. 3: an aggregation of animals (as waterfowl)
resting on the water.]

Say *Struthio camelus*, the camel (footed) ostrich—like the Vorompatra or
elephant bird,
9 ft extinct flightless fructivore of Madagascar—

presently the largest of existing birds.

3.

You can also say ostrich eyes are largest (per body size) of any animal.
Their arch
and bulge leaves little room for a brain;

thus the ostrich pecks repeatedly at the glinty sticker on the car window,
then swallows
the nothing she has consumed.

4.

Say how, in the 1870s, it was suddenly fashionable for ladies to be seen
with a feather boa or a sarong made from enormous feathers

[Para **balsa**, f., ver núm. 3: una agregación de animales (como las aves acuáticas) que descansan sobre el agua].

Diríase *Struthio camelus*, avestruz (de pie de) camello –como la vorompatra o ave elefante,
no voladora, de 9 pies, frugívora extinta de Madagascar–;

en la actualidad la más grande de las aves existentes.

3.

Podrías decir incluso que los ojos del avestruz son los mayores (por tamaño corporal) de entre los animales. Su forma
y tamaño dejan poco espacio para un cerebro;

por eso, el avestruz picotea insistente la brillante pegatina de la ventanilla, después traga
la nada que ha consumido.

4.

Decir cómo, en la década de 1870, de pronto se puso de moda entre las damas
mostrarse con una boa o un sarong de enormes plumas

so, in Little Karoo, Oudtshoorn alone, farmers exported 450, 000
kilograms of feathers per year.

*The wings of the ostrich wave proudly; but are they the feathers and plumage
of love?*
asks the Book of Job. It is a rhetorical question.

5.

And there's more to tell, how ostriches have been known to
direct courtship
behavior at humans—the amorous male sinks down on his haunches,
swaying from side to side,

how in South Africa, ostriches have been trained as shepherds,
running rings
around skittish sheep beneath the camel-skinned hills.

The ostrich, says Job, *scorneth the horse and his rider.*

In Egypt, ostriches were once hitched to chariots,
but the birds ran in circles,

6.

and so the practice abandoned,

y, en Little Karoo, solo en Oudtshoorn, los granjeros exportaban 450 000
kilogramos de plumas al año.

Baten alegres las alas del avestruz; ¿acaso con el ala y plumaje
del amor?,
pregunta el libro de Job. Es una pregunta retórica.

5.

Y aún hay más, cómo se ha comprobado que los avestruces
muestran actitud de cortejo
a los humanos; el amoroso macho se hunde sobre sus ancas,
balanceándose de lado a lado;

cómo en Sudáfrica los avestruces son adiestrados como pastores,
trazan círculos
en torno a las ovejas asustadas bajo colinas de piel de camello.

El avestruz, dice Job, *se burla del caballo y su jinete.*

En Egipto los avestruces eran atados a carros,
pero las aves corrían en círculos,

6.

y se abandonó esa práctica,

7.

but save the story of Sidi Mohamed for last. That boy of six
    who wandered
off a hardpan plantation and stepped into a vault of bullhorn acacia,
    gamba tussocks,

the ginormous sky

where he met the ostriches who adopted him. Until he was captured
by hunters ten years later, he lived on grass.

I have become a brother to the jackals, and go about in the company of ostriches.

8.

Here the story calls for your embellishment (by this time you'll be on your
second round, tawny glasses spoked with light from the late sun)

as the boy's language was a chucking hiss, a ululating warble
    never deciphered,
his body glazed with feathers, guano beneath his nails when the dogs
    pinned him
up a tree.

7.

pero deja la historia de Sidi Mohamed para el final. El niño de seis años
deambulaba
por un campo de caliche cuando llegó a la bóveda de un cornezuelo,
matas de pasto llanero,

el vasto cielo

donde conoció a los avestruces que lo adoptaron. Hasta que diez años después
fue capturado por cazadores, se alimentó de hierba.

Me convertí en hermano de los chacales y ando en compañía de los avestruces.

8.

Aquí la historia pide que la embellezcan (para entonces ya irás por la
segunda ronda, rubios vasos radiados de luz del postrer sol),

y el idioma del chico era un siseo cortante, un parloteo ululante e
indescifrable,
su cuerpo glaseado de plumas, guano bajo las uñas cuando los perros
le hicieron
subirse a un árbol.

9.

That's the problem with such stories; they wander off sometimes
under huge skies and never find their way home.

You have to struggle out after them with dogs and lunch,
resting in whatever shade you find. The dogs

are exhausted, their long tongues lolling in the dirt, a tempest of
    flies whirling
around their eyes. So, eat the meat you've brought and finish the water.

Lay the shotgun across your elbow like a lover's arm.

When we have passed the hour of the hottest sun we'll set out
again, each step leading us ceaselessly toward that homey clutch

of birds gathering together at the horizon.

9.

Es el problema de estas historias; a menudo vagan
bajo enormes cielos y nunca encuentran el camino de vuelta.

Uno tiene que esforzarse en perseguirlas con perros y comida,
y descansar en la primera sombra que encuentra. Los perros

están exhaustos, largas lenguas penden sobre la mugre, una tormenta de moscas revolotea
alrededor de sus ojos. Así que, come la carne que has traído y acábate el agua.

Tiende el fusil sobre el codo como el brazo de un amante.

Cuando haya pasado la hora de más calor del sol volveremos
a salir, cada paso nos lleva sin cesar hacia esa hogareña nidada

de pájaros congregados en el horizonte.

ACKNOWLEDGEMENTS

AGRADECIMIENTOS

"Praise for my Nation of Meat and Phonemes" is from *Biografía: poesía completa, 1958-1984.* (Anthropos, 1986) © Félix Grande.

The National Endowment for the Arts, the Pennsylvania Council on the Arts, the Maine Arts Commission, Chatham College, and the University of Maine Farmington provided support for the time during which this book was written. My sincere *thank you* to all of them.

This book is what it is due to the help of many people. Specifically Terrance Hayes, Wes McNair, Penelope Pelizzon, Adrian Blevins, Robert Hass, Chad Davidson, Terri Witek, and Christian Barter helped me immeasurably with these poems. Additional thanks are due to Jerry Costanzo and Cynthia Lamb for their continued support, and to Ron Mitchell, who didn't get thanked the last time. *Muchas gracias para todos a* Luis Torres: *Pura vida, amigo.* In fact, thanks to all my guides and teachers: Dolly and Moises, Solomon, Michi, and Franklin. Thanks to Drew Barton, Lynne Bruckner, Pat Demase, and Michael Shriberg for coming with me, to my parents and sister for helping while I was gone, and to Julian and Jennifer Anne for letting me go.

JEFFREY THOMSON

«Elogio a mi nación de carne y fonemas» pertenece a *Biografía: poesía completa, 1958-1984* (Anthropos, 1986). © Félix Grande.

El Fondo Nacional para las Artes, la Comisión para las Artes de Pensilvania, la Comisión Artística de Maine, Chatham College y la Universidad de Maine-Farmington me ofrecieron apoyo durante todo el tiempo que me llevó escribir este libro. Mi más sincero agradecimiento a todos ellos.

Este libro es lo que es gracias a la ayuda de muchas personas. En concreto: Terrance Hayes, Wes McNair, Penelope Pelizzon, Adrian Blevins, Robert Hass, Chad Davidson, Terri Witek y Christian Barter fueron de gran ayuda con estos poemas. Gracias añadidas a Jerry Costanzo y Cynthia Lamb por su continuo apoyo, y a Ron Mitchell, al que olvidé agradecer la última vez. *Muchas gracias para todos a* Luis Torres: *Pura vida, amigo*. De hecho, gracias a todos mis guías y profesores: Dolly y Moises, Solomon, Michi y Franklin. Gracias a Drew Barton, Lynne Bruckner, Pat Demase y Michael Shriberg por venir conmigo, a mis padres y hermana por ayudarme mientras estaba fuera, y a Julian y Jennifer Anne por dejarme ir.

Jeffrey Thomson

Índice